女性美審美原則

Kalogynomia or the Laws of Female Beauty

T.貝爾（T. Bell）醫學博士 著／陳蒼多 譯

藝術家出版社

女性美審美原則

Kalogynomia or the Laws of Female Beauty

T.貝爾（T. Bell）醫學博士 著／陳蒼多 譯

藝術家出版社

目錄

CONTENTS

譯 序

　　本書原名爲Kalogynomia or the Laws of Female Beauty，其中kalogynomia 爲希臘文，即「女性美原則」之意，爲使書名更加順暢，故改爲「女性美審美原則」。

　　本書著者T.貝爾（T. Bell）是一位醫學博士，以生理觀點討論美，似乎有其可信度。他把（女）人的身體器官分成三類，即機械器官（骨骼、肌肉等），生命器官（消化、循環、分泌器官等），以及智力器官（感覺器官、大腦、小腦等），然後據以分析與討論女性美，有其科學根據。

　　除了生理（科學）方面的審美觀點之外，作者也觸及社會的觀點，例如在談及婚姻制度時，作者曾說，「在所有的社會制度中，婚姻是法律最難限定的社會制度，因爲這種法律違反人性的律則」。最重要的是，他因此提出一個問題：如果大自然的律則與社會的律則對立，那麼我們要問，後者的正當性建立在何處？他另有一個論點，即我們不應把「兩個不同性別的人在性交之中把兩滴蛋白混合在一起」視爲一種罪惡，這當然又是醫學博士以生理學的觀點所提出的論述。

　　書末的「女性美缺點的分類細目」頗具參考價值，讀者幸勿錯過。

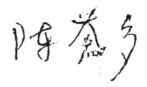

2003 年 3 月

引 論

◆第一節　初步的觀察

「她美嗎？」——對於這個問題，答案一般而言既多且繁。然而，在同樣的風土之中，真正的品味總是相同的。因此，我們對於美的認知之所以模糊，我們對美的表達之所以不清，都是歸因於我們檢視美的模式不準確，以及我們用以描述美的專門用語不完美。為了指出改進這兩者有其必要性，也為了踏出改進的第一步，以下的例證也許有幫助。

一、我們觀察一個擁有某種美的女人：頸子細細的；肩膀不瘦，夠寬闊，夠明確；腰部明顯地對稱，幾乎是倒錐形；臀部適度地擴展；大腿比例均勻；手臂與腿部纖細；手與腳很小。整個形體是明晰的、突出的、顯眼的。就其比例而言，形體幾乎是輕飄飄的。你會想像：如果把雙手放在她的細腰的兩側下方，只要一點點壓力就足以把她推進空中。然而，她幾乎沒有（或完全沒有）以下這種女人的特性。

二、我們接著觀察一個擁有另一種美的女人：她有著濃密的淡黃色或紅褐色的毛髮；眼睛是最溫和的那種天藍色；皮膚像是玫瑰與百合很美妙地混合在一起，讓你感到驚奇，因為皮膚不受制自然元素的一般運作情況；肩膀呈柔軟的渾圓，如果可能顯得寬闊，是歸因於胸部開展，不是歸因於肩膀本身很大；胸房豐滿，似乎在兩側的地方突出於兩臂所佔的空間；腰部雖然是夠明顯，卻好像被所有鄰近部分的性感豐滿狀態所入侵；臀部大大地擴展；大腿就比例而言顯得很大；但腿部與手臂卻很細，顯得很嬌弱，末端的腳與手跟寬闊的身軀比起來顯得特別小。整個形體極為柔軟又性感。然而，她並不具有前一種女人那種幾乎適度的勻稱身材，也沒有以下這種女人的任何特性。

三、然後我們觀察第三種美女：額頭很高，顯得蒼白，表示很有智力；那非常有表情的眼睛充滿了感性；有時一種柔和與淡色的亮光似乎投在下半部的臉上，使得這部分透露出既尊嚴又謙遜的意味；胸房不是很大，也不像第二種女人那樣體態豐滿，彰顯出自在又高雅

的動作，而非彰顯出第一種女人的身材優美。整個形體的特性是「智力」與「優雅」。

這就是三種美女，其餘的都是這三種的變化。一般而言，任何一個女人都只具備上述三種特性中的一種，並且不同的人各自喜歡或讚賞三種特性中的一種，所以有關任何女人美的一般模糊的描述，才會經常顯得很有差異性，且時常顯得很矛盾。

然而，每位男士想必很渴望了解自己的品味，然後把自己的品味加以純化；甚至在激情地描述美的時候，他的目標不僅是要表現一種自私與不理性的偏好，並且也是要說出他對所描述的對象的準確想法；如果一位「女性美審美藝術」——即我們現在所處理的藝術——的業餘人士無法說出一種有辨識力的開明語言，那會是很沒面子的。綜合上述三個原因，我們必須了解一點：我們把性方面的美簡短地加以分析後，化約為三種類型，其所根據的科學原則何在呢？

為了了解這一點，為了精通分辨女性美的藝術，我們絕對需要對解剖學有一點點概括性的知識。因此，我請讀者注意以下的大略描述。一般讀者最初也許不那麼感興趣，但是，一小時的研究，就足以在各方面有所了解，可以排除將來在這種藝術方面所遭遇到的困難，並且這也是有關女性美的科學知識的唯一基礎。

◆第二節　構成身體的各部分，以及它們的功能

如以一般的方式觀察人類器官，那麼其中一種器官會立刻突顯出來，因為這種器官包括有槓桿構造；因為它的動作是從一個地方到另一個地方，或者所謂的移動；也因為這些動作是最明顯的那一種。如果再稍微進一步觀察，那麼我們會看出第二種器官，它們不同於前一種，因為它們包括有圓筒狀的管；因為它們傳送液體，或者表現導管動作；也因為它們的動作幾乎看不見。如果再進一步探究，我們會發現第三種器官，基本上不同於前兩種，因為它們包括神經分子；因為它們傳送對外物的印象，或者表現神經動作；也因為這種動作完全不可見。

如此，這三種器官彼此可以區分：根據其各個部分的結構，根據其所達成的目的，以及根據其動作或多或少的明顯性。第一種器官包括有槓桿；第二種器官包括有圓筒

狀的管；第三種器官包括有神經分子。第一種器官的動作是從一個地方到另一個地方，或移動；第二種器官是傳送液體，或表現導管動作；第三種器官傳達對外物的印象，或表現神經動作。第一種器官的動作是極為明顯的；第二種器官的動作是幾乎不明顯的；第三種器官則是完全不可見的。

三種器官都不可能彼此混淆：做移動動作的器官不傳送液體，也不傳送感覺；傳達液體的器官不表現從一個地方到另一個地方的動作，也不傳達感覺；傳達感覺的器官不做移動的動作，也不傳送液體。

用來移動的器官有骨骼、韌帶以及肌肉；用來傳送液體的器官有吸收、循環以及分泌的脈管，而用來傳達感覺的器官有感覺器官、大腦與小腦，由神經連接它們。因此，第一種器官可以名之為「移動」，或者（根據其明顯的動作）名之為「機械的」；第二種器官可以名之為「導管的」，或（甚至因為擁有脈管，所以像植物一樣擁有生命）名之為「生命的」；第三種器官可以名之為「神經的」或「智力的」。

因此，人類的身體包括三種器官。藉著第一種器官，我們完成從一個地方到另一個地方的動作，或完成機械的動作；藉著第二種器官，我們維持營養或生命的動作；藉著第三種器官，我們可以進行思想或智力的動作。因此，身體的結構可以分成三部分，即機械或移動的器官，生命的器官，以及智力的器官。

機械或移動的器官可以分成三類。第一類是骨骼，支撐其部分的動物結構；第二類是連結骨骼的韌帶；第三類是移動骨骼的肌肉。

生命器官可以分成三類。第一類是外在與內在的吸收性表面，以及從這些表面吸收東西的脈管，或稱吸收的器官；第二類是心臟、肺臟以及血管，從吸收而來的淋巴獲得其內容（血液），或稱循環的器官；第三類是腺體以及分泌性的表面，它們將不同的東西與血液分開，或稱分泌的器官。

智力的器官也可以分成三類。第一類是感覺器官，是接受印象的所在；第二類是大腦或思想器官，在其中，印象會刺激想法；第三類是小腦，在其中，想法會產生意志（註1）。

註1：有些人也許會認為，這種分類不涉及消化、呼吸與生殖的器官與功能。但是，這種想法只可能源於膚淺的觀察。消化是一種複合性的功能，很容易歸入我所列舉的一些簡單的功能之中。消化包括骨部以及鄰近部分的動態，包括內在表面分泌一種液體，也包括一種熱氣，這種熱氣是所有動作所造成的一般性結果，無論是移動的動作、生命的動作或智力的動作；這種熱氣最好由這種運動來加以說明，而不是由化學理論來加以說明。呼吸與生殖也同樣是複合性的功能。因此這裡所勾勒出的簡單又自然的分類，涉及了每一種器官與功能。

然而，雖然消化、呼吸與生殖器官是複合性器官，但是它們卻形成系統很重要的一部分，所以我們可能問道：「它們與哪一種器官關係最密切？」答案很明顯。它們全都包含有各種大小的管狀脈管，並且全都傳送液體。它們具有生命器官的明顯特性，顯然與生命器官關係最密切。

簡言之，消化準備了吸收來的重要物質——這是第一個簡單的生命功能；呼吸更新了重要物質，是介於過程的中間——介於簡單的循環功能的兩個部分之間；而生殖取決於分泌——最後的功能，傳達了這種重要物質，或者把生命力傳送到一連串新的生命。在這種分類之中，消化器官因此先於簡單的生命器官，而生殖器官後於簡單的生命

器官；而呼吸器官則是介於靜脈循環與動脈循環之間。然而，如同前述的觀察所顯示，如果我們把其中任何一種器官認爲是一種不同種類器官，那是最不適當的了。（見本頁圖表）

◆第三節　對於機械器官與功能的觀察

一、整體而言，骨骼構成骨架。一些骨骼至少包圍著腑臟，諸如腦、心臟等。在或大或小的程度上，骨骼全都決定動物的外在形態，以及其不同部分的比例。所有的骨骼結合起來，發揮第一種機械功能，可以適當地稱之爲支撐功能。（插圖1、2）

二、雖然骨骼結合起來形成骨

器官的自然分類

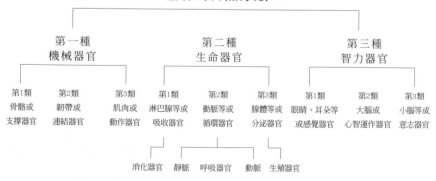

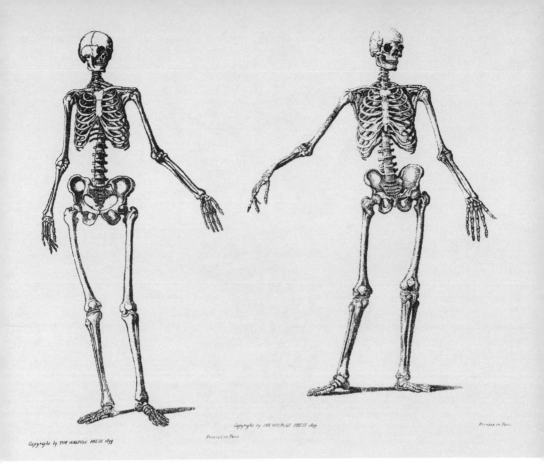

架，為其他器官發揮支撐的功能，但其中較大的部分卻是彼此可以移動的。只要是骨骼末端接合的地方，就有彈性、平滑以及磨亮的白色軟骨遮蔽並增加末端的範圍。介於其間的空間會出現一層被膜。被膜之中包含有一種液體，潤滑骨骼表面。纖維性、強有力然而卻柔軟的白色韌帶將骨骼緊密結合在一起，卻不阻礙其動態。這些結構名

之為關節，韌帶發揮第二種機械功能，或者說連結的功能。（插圖3）

三、肌肉主要是由平行、可收縮的紅色纖維形成，與靜脈、動脈和神經混雜在一起，由細胞膜成群結合在一起，形成通常所謂的動物的肌肉。肌肉通常在外在方面歸之於前述兩類器官——骨骼與韌帶。一旦構成任何這些器官的纖細縮短了，那麼，它所附著的兩點就會接

●插圖1　骨骼構成骨架。（左上圖）
●插圖2　所有骨骼結合起來，發揮第一種機械功能。（右上圖）

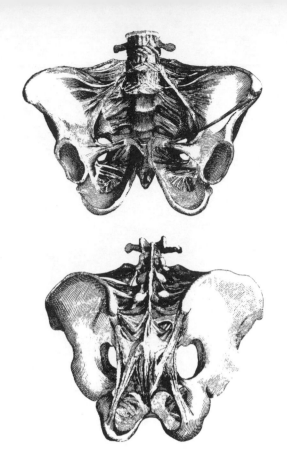

近。這是產生動物的所有外在動作——甚至從一個地方移到另一個地方的動作——的唯一方法。肌肉通常也會因為對立性肌肉而變長。如此，前臂一邊的肌肉會藉著其筋腱而讓指頭彎曲，而前臂另一邊的肌肉則又將指頭伸展。因此，肌肉發揮第三種機械功能，或嚴格地說移動的功能。（插圖4）

　　如此，我們大約了解了這種機械器官或移動器官，它所包括的三類器官，以及它們所發揮的功能。骨骼構成槓桿，關節是槓桿的支撐點，而肌肉則是槓桿的移動力量。人類身體的高雅與對稱是歸功於骨骼，美妙的彈性是歸功於關節，動作的優美與出色則歸功於肌肉，而想像力能夠激發動作的優美與出色，風度也能導致動作的優美與出色。

●插圖3　白色韌帶將骨骼緊密結合在一起，韌帶發揮第二種機械功能——連結的功能。

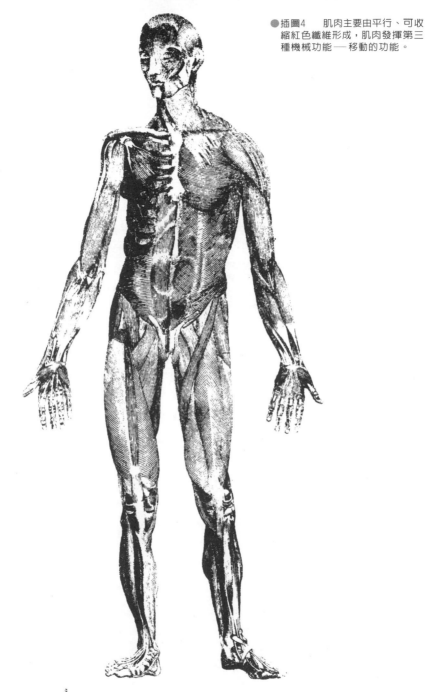

●插圖4　肌肉主要由平行、可收
縮紅色纖維形成，肌肉發揮第三
種機械功能——移動的功能。

Printed in Paris

◆第四節　對於生命器官與功能的觀察

我們現在以個別的方式探討生命器官及其功能。我們已經說過，這種器官的功能包括簡單的功能，名為吸收、循環與分泌，一般而言，之前還有複合的消化功能，之後還有複合的生殖功能。

有一種不可抗拒的感覺迫使動物去獲取新的物質，做為牠們的營養，這種感覺名為飢餓，因之而產生的運作是始於嘴部。動物把食物吃進嘴部，如果食物很硬，就在嘴中咀嚼，用有溶解力的液體潤濕。然後，藉由一種移動的作用——名為吞咽——食物持續進入腔道，名為咽頭與食道，然後進入消化管。消化管由幾層持續、有力又呈膜狀的膜被所構成，有點類似於那形成身體外皮的膜被，並且因動物的不同而有不同的長度、寬度以及迴旋的程度。在食物的刺激下，這些膜被藉著纖維的輕微收縮，形成一種持續的蠕動，把食物向前推。關於消化管，第一部分稱為胃，其內壁與一些所謂的腺體會產生液體。藉助於這種器官以及其鄰近部分的動態，以及藉助於所伴隨的熱氣，這種液體會把食物變成一種同質的漿狀物。這個迴旋狀消化道的其餘部分伸延長達幾乎四十呎，特稱為腸。（插圖5）

一、這種複合的初步運作完成了，第一種簡單的生命功能——吸收——就在身體的這些內在表面以及外在表面開始。在外在的表面上，在內在的物質之中，以及在很多內在的腔道上，吸收的脈管稱之為淋巴管。在腸的表面上，食糜或被消化過的食物的營養部分，由另一種稱之為乳糜管的脈管所吸收。兩個系列的脈管由無數的小孔為開始，結合起來形成較大的分支，導引其個別的液體——淋巴與乳糜——進入循環系統之中。構成淋巴管的薄膜又薄又脆弱，沒有纖維的外表，在裡面的地方則有瓣膜朝液體流動的心臟方向開始。這種功能顯然是根據一個原則運行，即液體在毛細管中向上升的原則。同時，這種功能也在腸道中獲得助力，即腸道的各邊會把乳糜那形成液狀的部分壓進淋巴管的開口。這些脈管結合起來，形成較大的脈管，所有的脈管最後終結於一個導管，稱之為胸導管，它會把其中的液體——混合以所有被吞嚥的液狀物質——注進心臟附近的一個大靜脈。如此完成的功能是第一種生命功能，或者吸收的功能。（插圖6）

二、如此被吸收的液體一定會

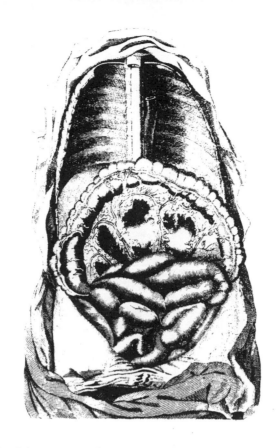

更新那種已經循環過的靜脈血液，使它適合成為身體的營養。靜脈就像淋巴管，是白色的，很細，透明，顯然沒有纖維，不會蕩動，也跟淋巴管一樣有著瓣膜。藉著靜脈，那些充滿碳成分又呈暗色的血液就進入心臟。這些脈管藉著來自動脈的毛細管末端的細小原點，在它們接近心臟時，開始結合，增加體積，在與淋巴管的大導管會合後，終結於一、兩個大導管。（插圖7）

　　僅僅增加所吸收的淋巴，並不足以使得這種血液成為身體的營養。它必須接觸空氣，然後才進入動脈系統。此種功能是由呼吸所促成。因此，在較高等的動物中，這種血液一旦到達心臟右邊，就藉由心臟推動，穿過一個導管，到達肺部——促成這種功能的器官。這種器官在相當的程度上是基於特別的

●插圖5　生命器官——腸，具有複合的消化功能。

17

●插圖6　第一種生命功能──
吸收的器官。

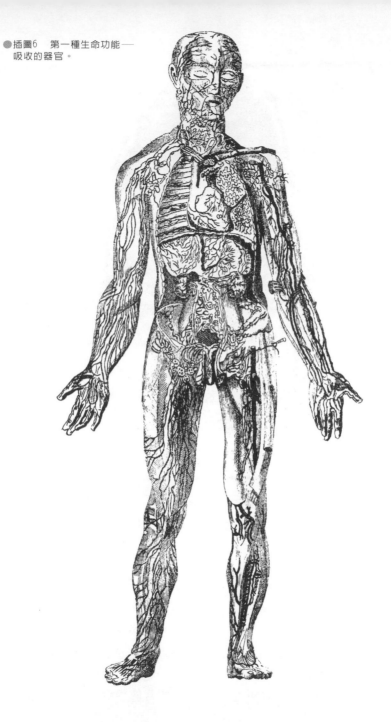

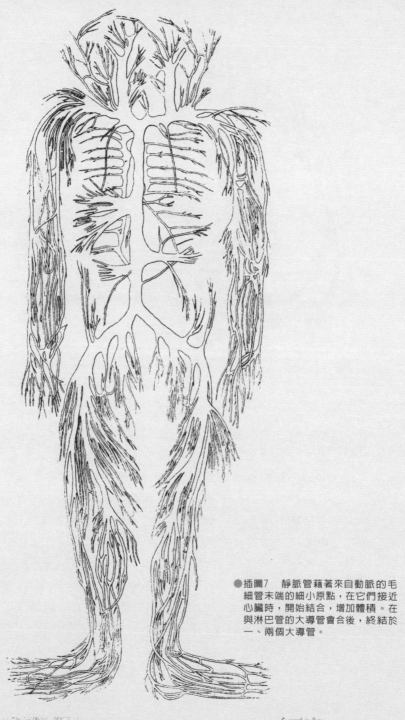

●插圖7　靜脈管藉著來自動脈的毛
　　　細管末端的細小原點，在它們接近
　　　心臟時，開始結合，增加體積。在
　　　與淋巴管的大導管會合後，終結於
　　　一、兩個大導管。

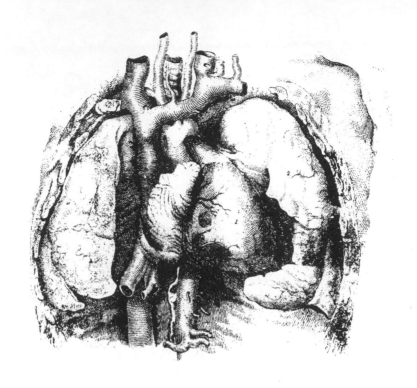

微血管，位於氣囊上，氣囊構成氣管的細小末端，而氣管增加表面的面積，使得它相等於整個外在皮膚的表面，並且液體的所有分子幾乎都僅僅藉著很薄的表膜而與空氣分離，這些表膜並不會阻礙空氣的作用。呼吸由適當的肌肉器官進行，它們把周圍的液體吸到它與血液作用的地方，或者從它與血液作用的地方把它向前推。血液在經過呼吸器官時，會發生一種變化，去除一部分的碳，以碳酸的形式將它帶離，增加其他成分的比例。這種過程對於所吸收的空氣造成一種結果，即失去氧氣——氧氣是氣體狀的液體，特別有助於呼吸。其對血液所造成的結果比較不為人所了解：我們只知道，它在紅血動物中強化了血液的顏色，對於刺激心臟收縮似乎是必要的。情況也似乎顯示，空氣對血液的這種作用，對於提供肌肉纖維的收縮力量是必要的。（插圖8）

血液此時呈鮮紅色，從呼吸器

●插圖8　呼吸器官──心臟與肺部。

官回歸，到達心臟的左邊或後方，由於迅速又有力地收縮，就經由另一條大動脈被推送到身體各個部分，因為大動脈有無數的分支，所有的動脈都是有力、有彈性又結實的黃色圓筒狀管，但不像淋巴管那樣有瓣膜。心臟的跳動就足夠使得動脈中流動的血液朝一個固定的方向流動，動脈自身的脈動也足夠維持這種固定方向的流動。（插圖9）

因此，血管或者說所有的這些器官發揮了第二種生命功能，或者循環的功能。

三、有些動脈的微血管不會把內容釋放進回程的靜脈，它們終結於腺，有時稱為腺體，並提供內分泌的本源，而內分泌是這種器官的第三種功能。就一般用語而言，內分泌應該涉及三部分。第一是營養，即新的物質直接加在身體上。第二可適當地稱為分泌，即各種物質藉由腺體存起來，做為未來之用。腺體是或大或小的群體，由細胞膜、淋巴管、靜脈、動脈以及奇異地交叉與纏繞的神經組成，此外還有其他器官。第三是排泄，即各種液體由皮膚、腎臟等等排出去。不同的分泌產物顯然是源於儲存產物的導管的不同排列、形式與大小。在所有的分泌器官之中，這些產物完全隨著分泌導管的排列和大

小而有所不同。如此，動物的所有生命功能似乎可以化約為液體的轉化。如此完成的分泌就是第三種生命功能。（插圖10）

最後這種簡單的生命功能，是生殖器官的複合功能之所繫。消化功能先於這種簡單的生命功能，生殖器官的功能則後於這種簡單的生命功能。就像前者為連串的新生命準備精力，後者則是為連串的新生命傳送精力。生殖器官一方面準備豐富的液體，將之傳達到卵子，另一方面則在胚胎發展期間容納它，保護它。前者是男性性格之所繫，後者是女性性格之所繫。睪丸是將精液分開的腺體。但是，有幾種其他腺體準備了其他液體，跟精液混合在一起。陰莖包含精液通道。當動物為性慾所刺激，陰莖因血液累積而膨脹，就能夠刺穿通到子宮的陰道，也能夠把精液傳達到那兒，讓卵受精。當卵從卵巢分離時，輸卵管就接受它，將它導入子宮。胚胎是經由來自母親的營養而成長，其吸收方式是經由一大片組織——胎盤——結合胚胎自身的組織。一旦胚胎達到某種狀態，子宮就會把它排出。（插圖11～14）

如此，我們大約了解了這種生命器官，它所包括的三類器官，以及它們所發揮的功能。我們很快加

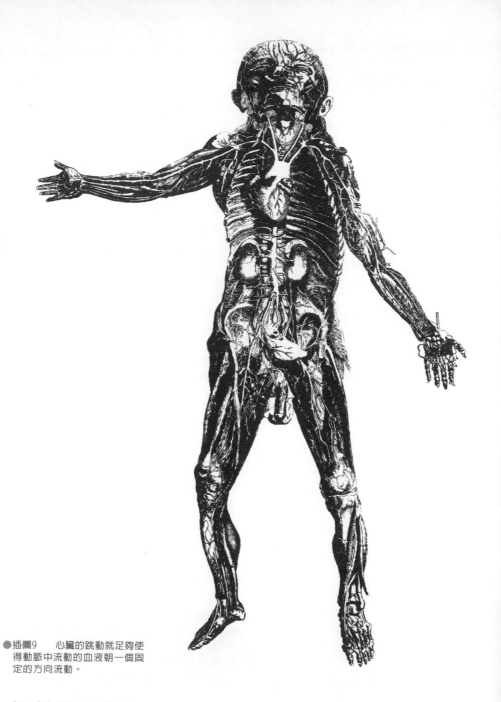

●插圖9　　心臟的跳動就足夠使
得動脈中流動的血液朝一個固
定的方向流動。

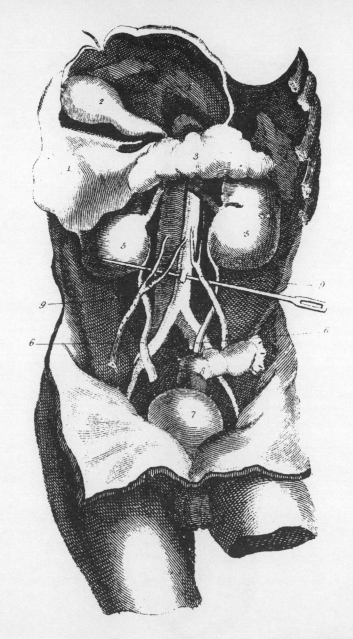

●插圖10　腺體提供內分泌的本源，
　　　　內分泌是這種器官的第三種功能。

Printed in Paris

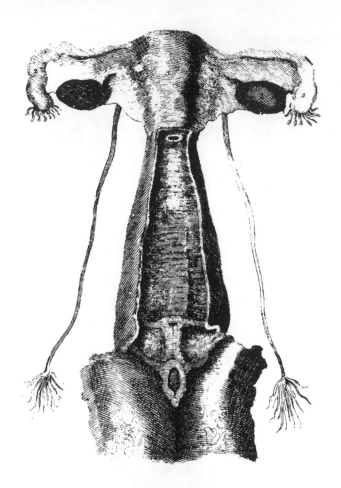

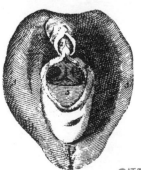

●插圖11
女性生殖器官的形成與結構

Printed in Paris

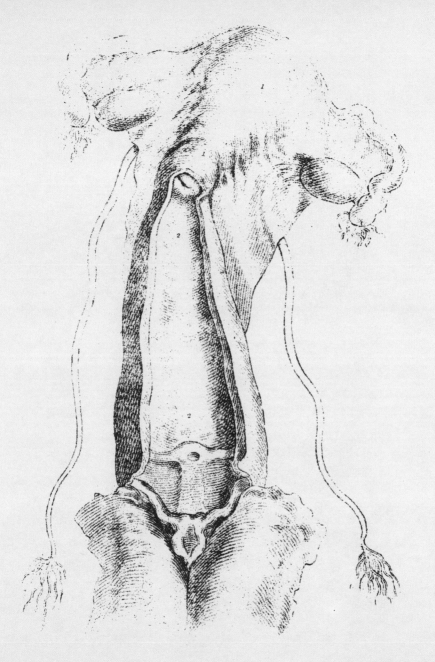

●插圖12　子宮

Printed in Paris

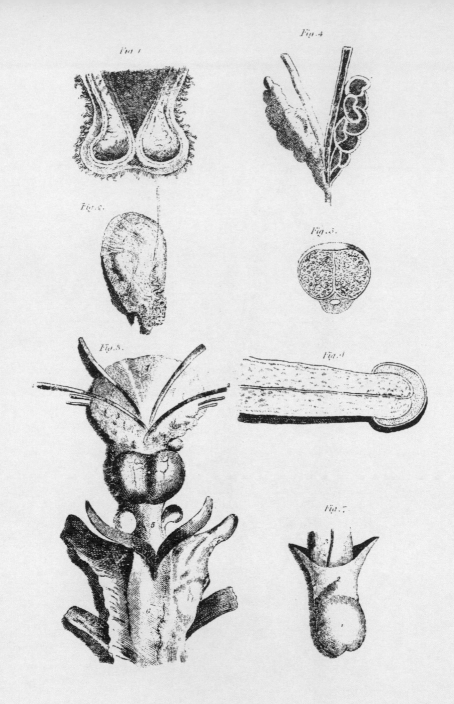

●插圖13　男性生殖器官的形成與結構

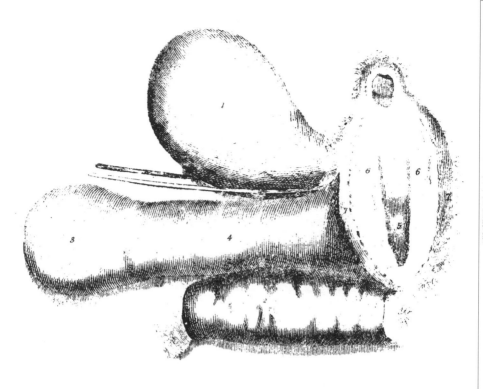

Copyright by THE WALPOLE PRESS 1899　　　　　　　　　Printed in Paris

●插圖14　女性生殖器官

以複習。食物在進入嘴中後，經過咀嚼，由舌頭及其鄰近部分送進袋狀的咽頭之中。咽頭收縮，把食物壓進食道。食道同樣也收縮，把足夠磨細或消化的任何部分加以傳送，穿過幽門，進入腸中。這些部分同樣在各方面進行壓縮，把食物最硬的部分逼向肛門，而其液體部分有一部分逃離壓力，進入淋巴管的口。淋巴管以美妙的方式繼續相似的收縮動作，將液體部分——名為乳糜——送進心臟附近的大靜脈。心臟的前面部分，用力地重複這種收縮動作，將混合以暗色靜脈血的這種液體推進肺中。在肺中，它放出含碳的物質，呈現朱紅色，流回心臟的後方。心臟仍然同樣收縮著，把它釋放進動脈中。動脈維持同樣的收縮動作，將它帶到整個身體。其中有一大部分充滿碳，呈

暗色，經由靜脈回歸，以便進行同樣的過程，其膠狀與纖維的部分被保留在脈管薄壁組織的細胞中，形成所有纖維的基礎，並形成營養。其他部分則纏在腺體特別形成的迷宮中，形成分泌物與排泄物。消化作用先於這些功能的第一種，生殖作用則是後於這些功能的最後一種，並且不僅繼續同樣種類的作用，也以剛剛描述的方式廣泛地將之傳送到新的生命那兒。

◆第五節　對於智力器官與功能的觀察

我們現在來個別探討所謂的智力器官與功能，包括感覺、心智運作與意念。

我們藉以發揮認知能力的一般器官是神經質。這種柔軟白色東西，形成這種的基本部分，包括有神經線（filaments）。這些神經線在通到內部時彼此接近，接合成束，稱為神經。神經線是分開的，全都被一層稱為神經膜的膜所包圍。這些神經包含更多數目的平行神經線，越接近脊髓與腦部，則數目越多。這些神經把外在物體的印象傳達到脊髓與腦部，並在這兒提供不同作用的起端。這些神經線到達中心，

也從中心再度分到身體的大部分地方，名為神經，並把意志的影響力傳達到身體的大部分地方。如此，所有這些遠端的分支都在其中一個末端結合在一起，是在頭部與脊椎之中。這些中心的部分構成感覺器官與肌肉之間的交通。因此，它們被稱為公共感覺中樞。這些神經索所開始的較小中心，也是多多少少緊密地彼此交通，而很多神經線的唯一用途也是形成這樣的交通。

一、所有的動物所擁有且存在於身體整個表面的唯一感覺是觸覺。觸覺使得動物感知到身體的形態，感知到身體的移動與體溫，所憑藉的是移動與體溫所呈現的形態。其他的感覺只受到觸覺的不同改變所影響，但卻能夠從觸覺中受到更微妙的印象。這些其他的感覺包括味覺、嗅覺、視覺與聽覺，出現的部分包括舌頭、鼻子、眼睛與耳朵。這些感官位於靠近腦部的地方。鹽分子、揮發性發散物、亮光以及空氣的振動，是影響這四種感官的因素，每一種感官的結構都很適合那種影響它的因素的性質。舌頭藉著海棉狀的乳突吸收那些穿過嘴部的可口液體，並藉著無數的神經而分辨。鼻子讓空氣通到肺部，在空氣通過時對於它所飄送的有氣味蒸氣留下印象。眼睛把透明的水

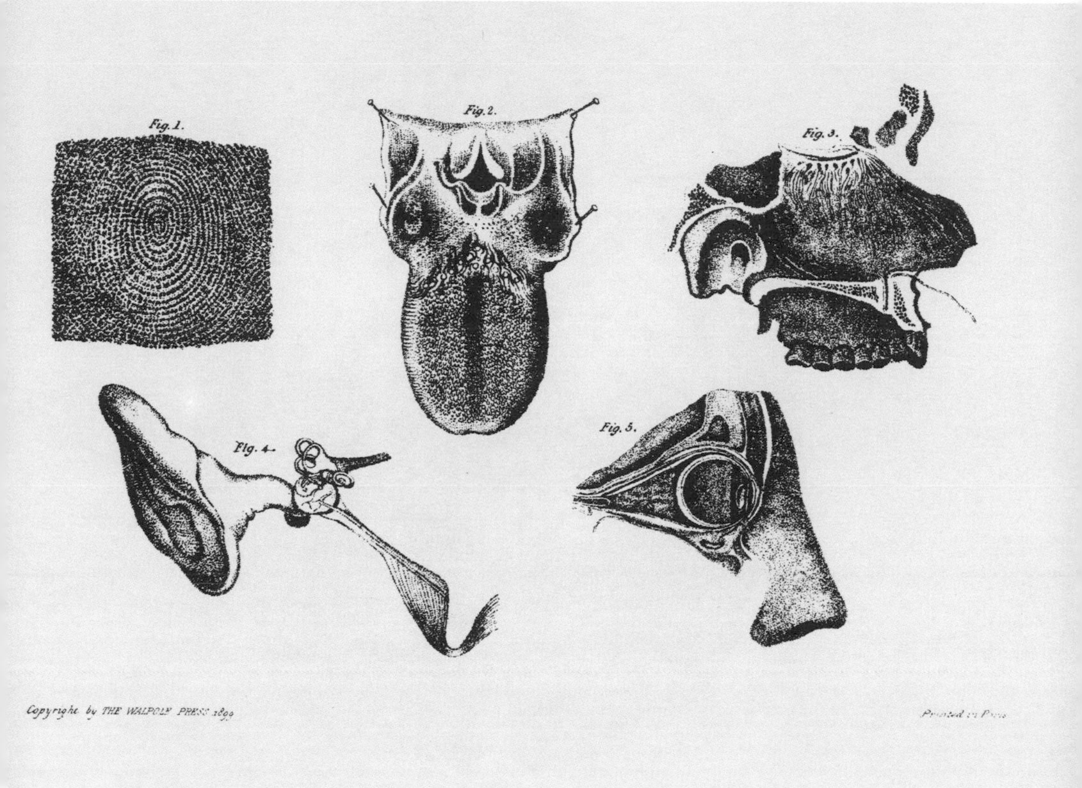
Fig. 1.
Fig. 2.
Fig. 3.
Fig. 4.
Fig. 5.
Copyright by THE WALPOLE PRESS 1899

晶體對著亮光，反射光線。耳朵把耳膜和液狀物對著空氣，接受空氣的衝擊。如此，每種感官都與一東西的性質維持一種正確的關係，我們使用每種感官來了解東西。

一條或更多的神經從每種感官向腦伸延。這些神經一旦受到外在物體輕輕的或粗魯的觸碰，就會產生對應的快樂或痛苦的感覺，只不過，如果接觸鄰近的身體部分，則在健康的狀態下並不會產生這種結果。如此，從外在物體對我們的作用，我們就知道，受到那種作用所影響的神經是與腦部相通的。如果一種結紮或一種破裂狀態截斷了生理的溝通，就會完全破壞感覺。這些感官發揮了第一種智力功能，或感覺的功能。（插圖 15）

二、在這些功能所終結的地方，腦部——嚴格地說是大腦——的功能就開始了，並且各種不同的複雜運作，也源於其複雜的結構中。

●插圖15　智力器官—舌頭、鼻子、眼睛與耳朵，這些感官發揮第一種智力功能—感覺的功能。

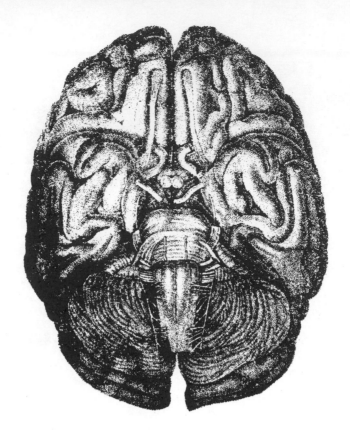

　　那些作用於感官並在感官上產生感覺的印象，最終會藉著某些神經到達腦部或公共感覺中樞，在那兒構成知覺，或換言之，讓其影響力從這個中心點散發出來，為系統所普遍辨識。大腦發揮了第二種智力功能，或心智運作的功能。（插圖16）

　　三、這些運作終結之後，小腦——位於大腦的後面部分——的功能就隨之出現。意志是這種器官的

　　行動，是由強烈的感情力量所促成。因此，意志一定是暗中取決於智力的運作，而智力的運作則取決於感覺，而感覺又取決於外在的印象。小腦發揮了第三種智力功能，或意志的功能。

　　第二系列的神經從小腦出發，到達肌肉，讓意志促成移動。（插圖17）

　　在這兒出現了感覺與移動的美妙關聯性，以及它們所形成的密切

●插圖16　大腦發揮了第二種功能——心智運作的功能。

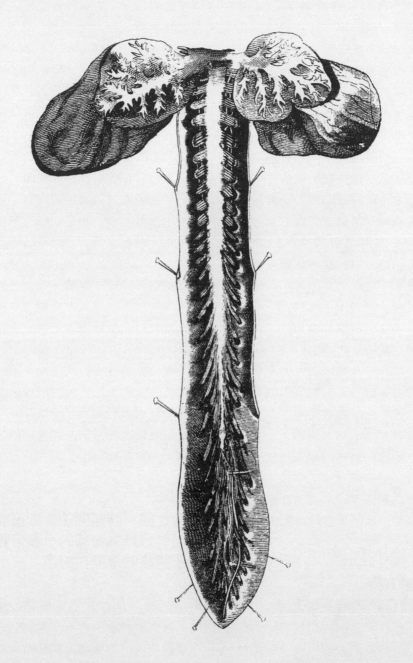

Printed in Paris

●插圖17　第二系列的神經，從小腦出發，到達肌肉，讓意志促成移動。

關係：肌肉的纖維藉著意志而收縮；意志經由第二組神經的媒介而發揮這種力量。每一根肌肉的纖維都從這組神經收受到一根神經線。一旦這根神經線與系統的中心部分的交通被打斷，那麼，纖維就不再服從意志了。

我們可以觀察到，一個週期的功能，就這樣存在於動物之中，因為意志這種最後的智力功能，讓機械的功能在移動中屈從於意志，如此將意志與機械的功能結合在一起。如此，第一種功能與最後一種功能密切地結合在一起，就像中間的任何功能密切地結合在一起，而器官功能與器官影響力的一種美妙的密切關係就形成了。

如此，我們大致了解了這種智力器官，它所包括的三類器官，以及它們所發揮的功能。

我們很快加以複習。感官接收外在印象，外在印象在感官中造成感覺。感覺傳達到大腦後，大腦就發揮心智運作的功能。小腦同樣受到影響，發揮意志的功能。

◆第六節 器官與功能要點重述

人的身體分成三部分，即機械或移動的器官、生命的器官，以及智力的器官。

機械或移動的器官又分成三類。第一類是骨骼，支撐動物其餘的結構。第二類是韌帶，將骨骼結合在一起。第三類是肌肉，讓骨骼移動。

生命的器官又分成三類。第一類是消化器官、吸收性的表面，以及從這些表面吸收東西的脈管；或稱吸收器官。第二類是心臟、肺以及血管，血管從吸收來的淋巴中獲得其內容（血液）；或稱循環器官。第三類是分泌腔、腺體等等，它們將不同的東西從血液中分開；或稱分泌器官，而生殖器官是其後續器官。

智力的器官也分成三類。第一類是感官，即出現印象的所在。第二類是腦或思想器官，印象在其中導致觀念的產生。第三類是小腦，在其中，意志自觀念中產生。

◆第七節 器官與功能的這種自然分類為身體的一般分類所帶來的優點與好處

我們平常都會把身體分成頭部、軀幹與四肢。但是，由於到現在為止，我們普遍疏忽器官與功能

的自然分類——機械器官、生命器官與智力器官，所以，解剖學家同樣沒有去注意這種分類可能帶來的優點與好處。

有一個奇異的事實存在，並且在很大的程度上確定了前述的自然分類。我們身體的一部分——四肢，包含了幾乎所有的機械器官，即骨骼、韌帶與肌肉。身體的另一部分——軀幹，包含了所有較大的生命器官，即吸收性器官、血管與腺體。身體的第三部分——頭部，包括了所有智力器官，即感官、大腦與小腦……。非常符合這種說法的是，雖然消化、呼吸與生殖器官實際上是複合性器官，但它們卻主要是生命器官，很適當地屬於生命器官。同樣明顯的，在身體的這種分類中，它們佔了軀幹的那一部分，即包含主要與簡單的生命器官的那部分。所以，如果我們認為這些器官中的任何一種器官是與生命器官分開的器官，那是很不適當的。

還有一個事實也同樣顯得奇異，也同樣確定了前述的自然分類。身體有些部分主要包括了機械器官，而根據前面的說明，機械器官是我們與最低的生物即礦物[註2]所並有的，這些部分剛好位於最低的部位，即四肢。身體有些部分主要包括了生命器官，而生命器官是

我們與較高的生物即高等植物[註3]所共有的，這些部分剛好位於較高的部位，即軀幹。身體有些部分主要包括了智力器官，而智力器官是最高的生物即動物[註4]所特有的，這些部分剛好位於最高的部位，即頭部……。同樣明顯的是，這種類似之處甚至在最細節的方面也可以得到印證。我們以包含在軀體中的生命器官為例，可以看到一個事實。吸收與分泌器官是我們與低等植物——較低的生物所共有的，它們位於較低的部位，即肚腔。循環器官在低等植物之中很不完美[註5]，是動物——較高的生物較特有的，它們位於較高的部位，即胸腔。

有一點更值得注意，且仍然證明前述的分類，那就是，在這三個部位的每個部位之中，骨骼的位置與形態都有所不同。在四肢之中，骨骼位於內部柔軟的部分，一般而言呈圓柱形態。在軀體之中，骨骼開始出現在較外面的部位，呈現較

註2：骨骼像礦物，都包含有最大量的礦物質。
註3：脈管構成了高等植物的生命力。
註4：只有動物才有神經物質。
註5：低等植物沒有真正的循環器官，也沒有營養液體通過同樣的地點。

平坦的形態，因為它們保護生命與重要的部分，但卻沒有完全遮蓋它們。在頭部之中，骨骼則是位於最外面的部位，呈現最扁平的形態，特別是在最高的部分，因為它們保護智力與最重要的器官。這些器官的某些部分完全被這種骨骼所包圍。

我們之所以不具有這種一般性的觀點，是因為我們使用獨斷的方法。

◆第八節　結論

前面有六節已經提供了生理科學的觀點，足夠讓我們現在來進行探討。如果一位女性美審美藝術家把這六節，跟我在這章「引論」的第一節中以分析的方式勾勒出的三種美女加以比較，他就會明顯看出，這六節的陳述是極為重要的。

很明顯地，機械體系在第一種美女之中高度地發展出來：頸子細細的；肩膀不瘦，夠寬闊，夠明確；腰部明顯地對稱，幾乎是倒錐形；臀部適度地擴展；大腿比例均勻；手臂與腿部纖細；手與腳很小；總而言之，整個形體是明晰的、突出的、顯眼的，因為所有的這些部分都屬於機械體系。

很明顯地，生命體系在第二種美女之中高度地發展出來：有著濃密的淡黃色或紅褐色毛髮；眼睛是最溫和的那種天藍色；皮膚像是玫瑰與百合很美妙地混合在一起，你感到驚奇，因為皮膚不受制於自然元素的一般運作情況；肩膀呈柔軟的渾圓，如果顯得寬闊，是歸因於胸部開展（註6），不是歸因於肩膀本身很大；胸房豐滿，似乎在兩側的地方突出於兩臂所佔的空間；腰部雖然足夠明顯，卻好像被所有鄰近部分的性感豐滿狀態所入侵；臀部大大地擴展（註7）；大腿就比例而言顯得很大；但腿部與手臂卻很細，顯得很嬌弱，末端的腳與手跟寬闊的身軀比起來顯得特別小；總而言之，她的整個形體極為柔軟又性感，因為所有的這些部分都屬於生命體系。

同樣明顯地，智力體系在第三種美女之中高度地發展出來：她的額頭很高，顯得蒼白，表示很有智力；那非常有表情的眼睛充滿了感性；有時一種柔和與淡色的亮光似乎投在下半部的臉上，使得這部分透露出既尊嚴又謙遜的意味；胸房不是很大，也不像第二種女人那樣體態豐滿；彰顯出自在又高雅的動作，而非彰顯出第一種女人的身材優美；總而言之，她的整個形體的特性是「智力」與「優雅」：因為所

有的這些部分都屬於智力體系。

如此，只有解剖學上的原則能夠同時證明與確定，我們以分析的方式所加以描述的三種美女的準確性。有了這種原則，女性美審美藝術家就一定能夠看出並欣賞這三種美的混合與變化。如此，他知道了真正的美是什麼，就一定會很成功地使用通俗觀察者的通俗語言去描述美。

同樣一個人時常會在生命的每個階段中出現這三種美之中的一種。一位有經驗的女性美審美藝術家很容易就會說出哪一種美較為突顯。然而，時常其中的兩種美會相當完美地混合在一起。我們只能在希臘的天才與雕刻刀所創造理想美的那些不朽影像之中，發現三種美結合在一起。

但是，雖然同樣一個人經常會在生命的每個階段中出現其中一種美，然而，卻有一個非常明顯的事實存在，那就是，年輕的女人（無論她們突顯出哪一種美）總是傾向於機械體系的美，中年的女人總是傾向於生命體系的美，而年老女人總是傾向於智力體系的美。有些女人在生命的過程中似乎會經歷所有的這些體系；但是精準的觀察者總會看出同樣的體系較為突顯。

有一個同樣明顯的事實，那就是，不同年紀的男人通常都讚賞對應年紀的女人所彰顯出的美。年輕的男人讚賞機械形態的美，中年的男人讚賞生命形態的美，年紀較大的男人讚賞智力形態的美。關於這個規則，只有一個明顯又固定的例外，那就是，「那種幾乎沒有智力的男人」──愚蠢的男人總是讚賞最年輕與最沒有經驗的男人所讚賞的那種美，因此他們追求女孩！

在一個真正美麗的女人之中，三種體系中沒有一種會出現相當退化的程度，但是，在三種體系中，生命體系對女人是最重要的，而從卅到四十歲一般而言是生命體系呈現最完美狀態的年紀。

註6：也就是歸因於它所包含的生命器官。
註7：歸因於它所包含的生命器官。

第一章 論美

●杜勒 亞當與夏娃 1504年 銅版畫 24.8×19.4cm 美國大都會美術館藏
  杜勒一生熱心研究人體理想的造形，致力於男女完璧體型描繪。

◆第一節　女性美的特點

　　在嬰兒時期中幾乎看不出兩性的差別。在嬰兒期，兩性都有同樣的形態，肌肉還沒有充分發揮作用，無法改變骨骼的方向，也無法把一種特性加諸骨架上。在這個早期的階段，這些部分之間所存有的任何差異只見之於：女性臀部較寬闊，以及骨盆或較寬闊的臀部所依

●杜勒　亞當與夏娃　1507年　油彩木板　各209×81cm　馬德里普拉多美術館藏

靠的骨幹的較低部分具有較大的容量。

在這個年紀的階段，以及在不久之後的階段，主要是會彰顯出相似的道德傾向。女孩會具有男孩的性急，男孩會具有女孩的輕浮。然而，男孩會比較忽略不重要的事情，在行動方面似乎比較決毅；女孩也變得比較有興趣於她們在四周的人心目中所留下的印象。在遊戲時，她們總是喜歡那種跟她們未來的命運有關的遊戲。她們特別喜歡年紀比她們小的小孩，最高興被託付以照顧、看護他們的工作。如果沒有這樣的小孩，則以洋娃娃取代其地位。她們會花一天的時間把洋娃娃安置上床，叫醒它，給它食物，教它說話，在各方面都處理它。這種自然的傾向會在適婚年齡時期大大增加，一直持續到停經的時候。女人的真正命運由這些事情顯示出來，因此，那些想把男人的智力與職業提供給女人的愚人，就會遭受到反擊。在這個早期的年齡階段中，女孩也會開始嘗試談話的藝術，並且在不久之後不斷練習。

在達到成熟的年齡時，女性的整個形體都會顯得比男性較小，較苗條。

在女人的機械體系中，身體的上半部不如男人突出，下半部則比男人突出。因此，在站直或仰臥時，男性是胸部最突出，女性則是陰阜最突出。在兩性擁抱時，這種身體的結構顯然有其效益，也充分顯示出女人適合受精、懷孕、分娩。之前以及之後的論點中都指出，骨盆或軀幹較低部分的大小，對於各部分的明顯比例，以及對一般的體形都有很大的影響。因此，就相當大的程度而言，女性的肩膀相對地較狹窄，也較傾斜。同樣地，背部也較凹陷。因此，臀部相對地較寬闊，而介於臀部之間的骨盆的內腔，因為適應於懷孕，所以比較寬闊。因此，女人有較大的支撐基部，但是，這種優勢卻會減少，因為以後大腿大幅分開，使得走路較為困難、搖擺不定。由於分開的緣故，比以前更有曲線的大腿也相對地變得較大。手臂因為較不依賴生命體系與軀體的結構，所以顯得較短。因為手與腳也遠離那一部分，所以顯得較小。手指比男性脆弱、有彈性。

然而，就算女人的骨骼體系小了很多，某些部分的肌肉體系卻比男人更加發達。由於骨盆很大的緣故，大腿的肌肉最明顯地發達。如此，女性的形體顯得嬌弱，動作顯得自在與柔軟。然而，肌肉的纖維卻比男性更加柔軟、易彎、脆弱，因為肌肉的纖維必須很容易適應於

人生因藝術而豐富 · 藝術因人生而發光

藝術家書友卡

感謝您購買本書,這一小張回函卡將建立您與本社間的橋樑。我們將參考您的意見,出版更多好書,及提供您最新書訊和優惠價格的依據,謝謝您填寫此卡並寄回。

1. 您買的書名是 : _____

2. 您從何處得知本書 :

☐藝術家雜誌　　☐報章媒體　　☐廣告書訊　　☐逛書店　　☐親友介紹

☐網站介紹　　　☐讀書會　　　☐其他

3. 購買理由 :

☐作者知名度　　☐書名吸引　　☐實用需要　　☐親朋推薦　　☐封面吸引

☐其他 _____

4. 購買地點 : _____ 市 (縣) _____ 書店

☐劃撥　　　　　☐書展　　　　　☐網站線上

5. 對本書意見 : (請填代號 1. 滿意 2. 尚可 3. 再改進,請提供建議)

☐內容　　　　☐封面　　　　☐編排　　　　☐價格　　　　☐紙張

☐其他建議 _____

6. 您希望本社未來出版? (可複選)

☐世界名畫家　　☐中國名畫家　　☐著名畫派畫論　　☐藝術欣賞

☐美術行政　　　☐建築藝術　　　☐公共藝術　　　　☐美術設計

☐繪畫技法　　　☐宗教美術　　　☐陶瓷藝術　　　　☐文物收藏

☐兒童美育　　　☐民間藝術　　　☐文化資產　　　　☐藝術評論

☐文化旅遊

您推薦 _____ 作者 或 _____ 類書籍

7. 您對本社叢書　☐經常買　　☐初次買　　☐偶而買

藝術家雜誌社　收

100　台北市重慶南路一段147號6樓

6F, No.147, Sec.1, Chung-Ching S. Rd., Taipei, Taiwan, R.O.C.

姓　　名：＿＿＿＿＿＿＿＿＿＿　性別：男□ 女□ 年齡：＿＿＿＿

現在地址：＿＿＿＿＿＿＿＿＿＿＿＿＿＿＿＿＿＿＿＿＿＿＿＿＿＿

永久地址：＿＿＿＿＿＿＿＿＿＿＿＿＿＿＿＿＿＿＿＿＿＿＿＿＿＿

電　　話：日／＿＿＿＿＿＿　手機／＿＿＿＿＿＿＿＿＿＿＿

E-Mail：＿＿＿＿＿＿＿＿＿＿＿＿＿＿＿＿＿＿＿＿＿＿＿＿＿＿

在　　學：□ 學歷：＿＿＿＿＿＿　職業：＿＿＿＿＿＿＿＿＿＿

您是藝術家雜誌：□今訂戶 □曾經訂戶 □零購者 □非讀者

客戶服務專線：**(02)23886715**　E-Mail：**art.books@msa.hinet.ne**

明顯的大變化。

　　這些就是女人的機械體系的真正特點。只要不合乎這些特點，那麼這種體系之中就相對地缺少女性美。

　　骨盆的容量（就算不是因此出現的臀部寬度）其實跟女人的生命體系比較有關係，跟機械體系比較沒有關係。所有那些基本上屬於女性的功能，即受精、懷孕與分娩，都與生命體系有密切的關係。肯培爾（Camper）教授已經指出，如果用兩個同樣大小的想像橢圓形來描繪男性與女性的體形，則女性骨盆的一部分會出現在橢圓形之外，肩膀則在橢圓形之內，然而在男性之中，肩膀會突出於圖形的界限之外，而骨盆則相反，會完全位於圖形之內[註8]。女人生命體系的下一個明顯的特性是：蜂巢組織很突出，與之有關聯的豐滿體態顯得柔軟又適中。這種特性使得機械體系很容易適應我們已經提過的變化，同時，這種特性也消除了肌肉的突出，四肢都被賦以那種渾圓與優美的形

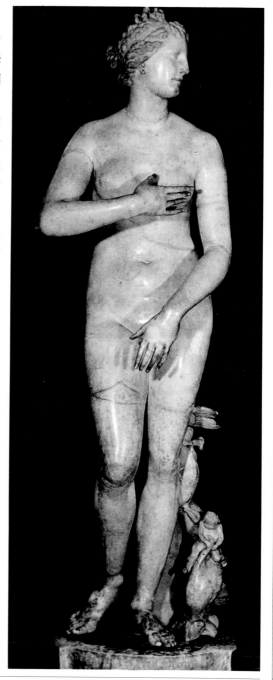

註8：有些人說，黑女人的骨盆比歐洲女人的骨盆更大。

●菲迪亞斯藝術：梅迪西的維納斯（羅馬時代模刻）大理石　羅馬國立美術館藏

態，而梅迪西的維納斯（Venus de Medici）正是這種形態無與倫比的典型。皮膚那種較大程度的堅實、細緻與透明，膚色那種較純粹的百合色與較生動的玫瑰色，以及頭髮的纖細，也同樣與這種體系有關聯，尤其是在女人身上。

這些就是女人這種重要體系較明顯（雖然只是外表）的特點。只要不符合這些特點，那麼這種體系之中就相對地缺少女性美。

在智力體系中，女人的感官相對地較大，輪廓較細緻，整個神經物質像其他部分一樣顯得柔軟又變動不定。

因此，女人比較有感性，智力比較敏捷。她的印象會很快速地連續出現，最後的印象一般都很強烈。因此，在思想方面，她比較精密、銳利，比較沒有深度或力量。這一點很配合她對觀察男人與對手所表現的永恆興趣。這一點也為這種本能提供一種快速又確實的特性，甚至最深沉的哲學家的推理也無法如此快速又確實。她的眼睛聽到了每個字——如果我們可以這樣說的話；她的耳朵看到了每個動作。她表現出極致的藝術，總是知道如何裝出「膽怯的難為情」或甚至「愚蠢的樣子」，來隱藏這種持續的觀察。她甚至在這方面感覺到弱

點，因此，她會表現出小小的計策、偽裝、舉止、優美的姿態——總而言之，她會賣弄風情，這是她的幾種特性的必然結合。

這些就是女人的智力體系的特點（就像在其他體系之中一樣）。只要不符合這些特點，那麼這種體系之中就相對地缺少女性美。

既然已經更加詳細地描述女人的機械、生命與智力體系，女性美審美藝術家一定會了解每種女性美與女性缺點的理由。如果重讀這一部分且注意以下各節，則會非常容易提出女性美審美藝術的批評。然而，為了確確實實做到這一點，我在此書最後的地方附上了「女性美缺點的分類細目」。但是，我請求讀者不要去看這部分，除非先研讀「引論」部分以及這一節，也研究接下去的一節。

然而，讓我們再加上一些有關女性的道德習慣的觀察。女性的弱點對她的本性而言，幾乎跟她的生動與多變的感性一樣不可或缺。男人是藉由器官的力量，或藉由天才的優勢，來影響外在的東西，而女人則是藉著儀態的誘人，以及藉著持續觀察所有能夠吸引男人的內心或激起男人的想像的東西，來影響男人。為了做到這一點，這些特性使得女人能夠適應男人的喜好，甚

至完全屈服於一時的興致，並且抓住機會，讓偶然說出的話可能產生效果。女人最高的責任是取悅男人，因為她已經將自己的一生跟男人結合在一起，此外就是把家變成一個讓男人感到愉快的地方，把他和家結合在一起。就很多其他道德和生理目的而言，這些特性也是同樣不可或缺的。

◆第二節 女性美的典型

兩性的性徵器官所產生的影響，以及這些器官的作用所產生的影響，顯然是女性特殊美的主要原因。這種影響是無法反駁的。閹人的外表與儀態很像女人。如果性徵器官在女人一生中不發生作用，則她們的外表與儀態就像男人。

男人的某些脈管分泌一種液體，是為了達到生殖的目的。一旦這種液體被重新吸收進身體之中，它就會使得性格出現一種興奮與活躍的特性。在這種液體形成的時期，聲音會變得較強有力，肌肉的動作會變得較有活力，面孔會變得較具堅定的意味。然後，鬍子會出現，其他部分會出現毛髮——這是一種新的精力的明顯徵象。如果在女人之中一種對應的液體被分泌出來，則月經會出現，乳房會擴大，眼睛會較亮，臉孔變得比較有表情，但同時也顯得比較羞怯，比較保守。

有些特殊的環境有助於女性美，是獨立於原本的美好身體結構之外的另一種因素。一般而言，這些特殊的環境，只會微微改變原本的美好身體結構，但是，經過連續幾代之後，也可能將它完全改變。這些特殊的環境包括溫和的氣候、肥沃的土壤、豐盛但又適當的飲食、規則的生活方式、感情的指引與壓制，以及甚至美容方面的關注。一個民族的社會、道德和政治制度越進步，則（在其他因素相對配合下）這個民族也會越進步，也就是說，構成這個民族的個人會越高貴與高雅。

女性美在不同的種族之中情況有所不同，然而卻有一種美的標準獨立於所有偏見的想法之外——雖然自尊心會壓制偏見，倔強的利己心會維持偏見。熱帶氣候中的黑人喜歡黑膚女人做為伴侶，卻總是認為白人的美比較優越。卡爾木克人非常清楚他們自己的美女，與他們所熱烈追求的特卻卡西亞的美女之間有很大的差異，並且以金子或武力去獲得。在世界各地，年輕又美麗的歐洲女人都會獲得讚賞，得

●普拉克希特雷　格尼都斯的維納斯　B.C.340〜330年（羅馬時代模刻）　高204cm
羅馬梵諦岡美術館藏　此件作品為最早以全裸表現的維納斯雕像。

●杜達塞斯　水浴的阿芙羅蒂杜（維納斯）　B.C.300年（羅馬時代模刻）　大理石　高82cm
羅馬梵諦岡美術館藏　此件作品是從普拉克希特雷和亞培雷斯雕塑的維納斯像發展出的維納斯造形
風格，台座為後世所加。

到男人的尊敬。

因此，我們發現，最完美的美之典型是由一種民族的藝術所創造，這種民族擁有我們上面已經列舉的所有優點，並且在那兒，活著的美女想必很多。然而，卻很少有活著的美女可以讓我們從她們的魅力之中構建出這種理想的典範。甚至在希臘的女人之中，我們想必也很難發現這些美女，因爲普拉克希特雷（Praxiteles）和亞培雷斯（Apelles）不得不訴諸同一個女人，在雕塑的白色大理石中，尋求格尼都斯的維納斯（Venus of Gnidus）的魅力，在繪畫的顏料中尋求科斯的維納斯（Venus of Cos）的魅力。（圖見42頁）

亞典納斯（Athenæus）指出，這兩件有名的產物，即上述的雕像與圖畫，是臨摹高等妓女菲麗尼（Phryne）而成。菲麗尼出生於波提亞的色斯匹亞，曾在雅典建立帝國。在研究幾種姿態後，她想要發現一種比其他姿態更爲她所滿意的姿態，以表現出她的身體的所有完美優點。上述那位畫家與那位雕刻家不得不採行她所喜愛的姿勢，凌虐畫家的眼睛以及雕刻家的靈魂。

由於這個原因，格尼都斯的維納斯和科斯的維納斯是那麼相像，我們都無法分辨她們在五官、外形，尤其在姿態上的任何差異。兩者都描繪菲麗尼從希隆海灘的海上出現。她習慣到那兒的沙羅尼克灣游泳，此灣位於雅典與伊魯希斯之間。但是亞培雷斯的繪畫無法像普拉克希特雷的雕刻那樣激起希臘人的熱狂。（圖見43頁）希臘人想像大理石在移動，似乎在講話。盧希安（Lucian）說，希臘人產生強烈的幻覺，所以他們都去吻這座女神雕像的嘴唇。

據說在海神的祝典中，菲麗尼當著伊魯希斯的所有人面前裸體進入海中洗澡。這樣一個美麗的女人這一次公開展示自己的身體，使得普拉克希特雷塑造出他那不朽的雕像，也使得亞培雷斯畫出他那令人讚賞的「安娜狄歐米尼維納斯」。菲麗尼爲了證明自己對於出生的城市有感情，就在這個城市立起一座無價的邱比特雕像，是普拉克希特雷的傑作。菲麗尼是從普拉克希特雷那兒獲得這座雕像，做爲禮物。於是，成群的人湧到那裡去凝視這座雕像，表現出不可言喻的欣喜與讚賞（註9）。現在讓我們簡要地檢視這種女性美典型。（圖見45～47頁）

梅迪西的維納斯

這無疑是最具絕妙之美的古代

●梅迪西的維納斯（側面）1899年模繪

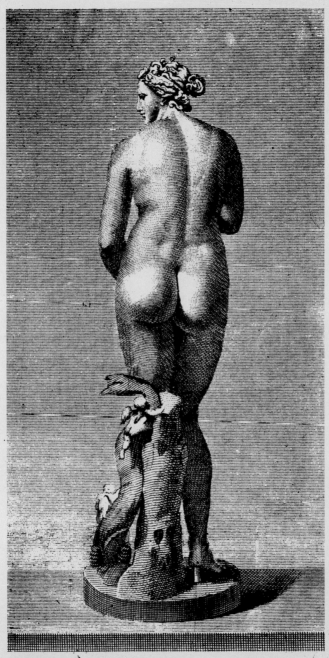

●梅迪西的維納斯（背面）1899年模繪

●卡比特里諾的維納斯
羅馬出土（羅馬時代
模刻，原作B.C.150
～120年作）
大理石　高176cm
羅馬卡比特里諾
美術館藏

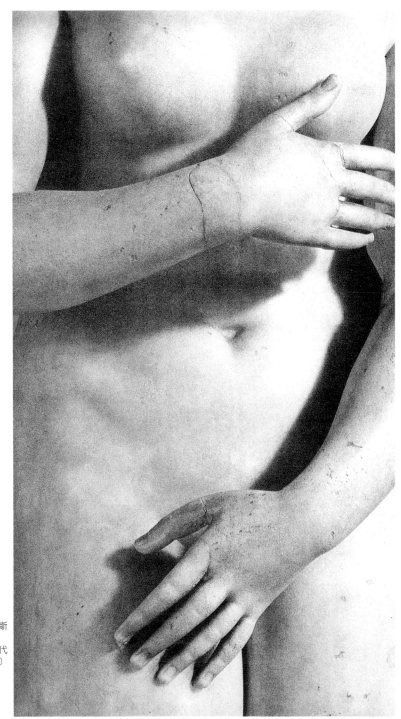

●卡比特里諾的維納斯
　（局部）
　羅馬出土（羅馬時代
　模刻，原作B.C.150
　～120年作）
　大理石　高176cm
　羅馬卡比特里諾
　美術館藏

遺物。那令人讚賞的乳房形態，是男人首先學習理想的美的所在。乳房不太大，佔據胸房的地方，從胸房那兒升起，每一邊的曲線幾乎相等，同樣終結於尖端。柔軟的腰部在軀幹的中間不遠的地方逐漸變細，其較低的部分逐漸開始膨脹，甚至比肚臍高。臀部——女性令人銷魂的特性——逐漸擴大，同時顯示出女性適合生殖與分娩的任務。臀部擴大的程度逐漸增加，在大腿的上部達到最大的程度。臀部上面部分的後方，以及脊椎較低部分的兩邊，顯得很豐滿，在高及腰的地方開始伸延，在明顯地分開的兩臀的更膨脹地方結束。在兩臀之間以及緊接在兩臀的裂縫上方的平坦寬闊部分，是由兩邊的大臀渦所襯托，由四周所有部分的隆起所導致。寬闊肚子的美妙膨脹很快在緊接著肚臍下面的地方達到最高點，逐漸傾斜到陰阜，但在其上面部分變得狹窄，在往下伸延時則更加擴大，同時在各個地方，側面都明顯地出現逐漸凹下的部位，是在骨盆四周較有肌肉的部分。陰阜美妙地隆起。鄰近的大腿隆起，在幾乎一開始時就在很高的地方出現。身體的這些部分以美妙的方式向內伸展，或者朝彼此的方向伸展，幾乎彼此入侵對方，把它們從各別的地方排除。如此絕妙地形成了上面部分普遍的狹窄狀態，下面部分則是無法擁抱的擴張狀態，也顯得比雪更白，如同雪花石膏紀念碑那樣平滑[註10]。人們會想像，女性形體的所有這些令人讚賞的特性，僅僅「這些特性存在於女人之中」的這個事實，甚至對女人自身而言，想必是無可言喻的快感來源。這些特性構成一種生命，值得在希臘的神殿中佔有一席之地；它們給了我們一種寶藏，啊呀，比大自然所能夠產生的寶藏更加美妙，也為所有的國家和時代提供了一種讓人讚賞與欣喜的主題[註11]。

關於這個形體的失誤之處，我在其整體的姿態中看不到，至於肌肉的形態，則不可能有任何失誤之

註9：這應該是德·梭（De Thou）的《回憶錄》中所提及的古風。他告訴我們說，他年輕時跟德·佛洛伊克斯到義大利，在巴巴亞的伊莎貝拉·德斯特的收藏品中看到米開朗基羅所雕刻的一座睡眠的邱比特的雕像。他們經過非常專心的思考後，認為這座雕像最為優秀，心中充滿無可言喻的讚賞之情。在讚賞了一段時間後，他們又看到另一座邱比特雕像，因為剛出土，所以仍然沾著泥土。在場的人將此一雕像與前一雕像加以比較，對於第一次的判斷感到很羞愧。他們都同意一點：這座古代的雕像似乎栩栩如生，而那座現代的雕像相較之下只不過是一塊沒有表情的大理石。

註10：我忘記我是在談及一座雕像了！

註11：這個形體的一些複製品，以及那些體積最大的複製品，是非常糟的複製品，人們幾乎會很快說，複製者應該受罰，因為他很沒有感性又非常愚蠢。

●杜達塞斯　蹲著的維納斯　100～200年　高121cm

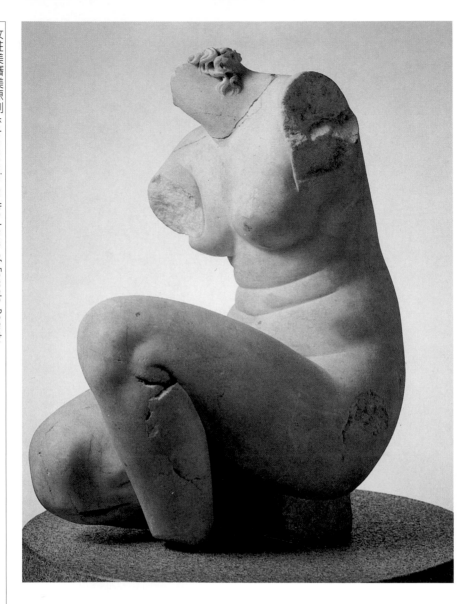

處。但是，屬於現代結構的手臂，則與形體不相配，因為其形態沒有女性或美的成分。然而，甚至在形體之中也有兩個失誤之處。第一，臀部下面的下凹部分或褶層太明顯。第二，臀部本身的形態有一點太分散，特別是有一點太朝下。膝蓋、腿部以及腳踝的下面部分或許

● 維納斯坐像　B.C.300年（希臘雕刻，羅馬時代模刻）高63.5cm

●米羅的維納斯　B.C.200年後半期　美洛斯（米羅）島出土　大理石　高204cm　巴黎羅浮宮美術館藏

●基勒尼的維納斯　基勒尼出土（羅馬時代模刻，原作B.C.100年作）　大理石　高170cm
羅馬國立美術館藏

●美尻的維納斯（羅馬時代模刻，原作B.C.100年作）　大理石　高152cm　拿坡里國立美術館藏

也不夠纖細。

在古代的崔歐平（多利斯的一處岬角，卡利亞的一省），也就是現在的克利歐海角的盡頭，有名的格尼都斯城市被建立起來。在這兒，維納斯受到崇拜，在這兒可以看到那座維納斯的雕像，也就是普拉克希特雷的最美麗作品。一間絕不寬敞但四周開放的神廟供奉著這座雕像，為人們所看得見。無論以什麼角度檢視它，都會引起人們同樣的讚賞之情。並沒有衣服遮蔽著它的魅力。它的美非比尋常，所以它以激情煽動了另一位皮格馬利恩（Pygmalion）（註12），使得他暗中努力要讓一個最迷人的女人的一座冰冷又沒有知覺的雕像活起來，並在那兒留下瘋狂的褻瀆神聖痕跡（註13）。就算最有利的條件也無法說服格尼都斯城市的人放棄這件傑作。普利尼（Pliny）（註14）敘述此事，讚美這個都市的人以高貴的姿態拒絕放棄這件傑作。此舉使得他們的城市變得不朽，也使得他們對藝術的熱情變得不朽。

我們對於這座不朽的雕像所提供的不同觀點充分證明了這一點。

◆第三節　不同國家的美

在歐洲北方國家之中，美確實是最為持久的。就現代而言，美也是在北方國家之中達到最完美的境地。

哥亭根的布魯孟巴哈（Blumenbach）教授精研科學，非常公平無私，沒有人表示懷疑。他毫不猶豫地說，英國人是世界上最美的民族。這種說法並不令人驚奇，只要我們考慮一個事實，那就是，英國也許是把那些基本上對美有利的情況結合在一起的唯一國家。尤有進者，英國女人的美——形體柔軟，皮膚皙白等等，具有一種特別的女性美。

在法國，最美麗的女人是馬賽、亞維儂附近的女人，以及普羅旺斯大部分地方的女人。這些地方從前住著來自富西斯（Phocis）的希臘移民。巴黎女人那種優雅然而又有點戲劇性的自在模樣是很出名的。

歐洲南部國家的女人是黑髮美人，眼睛閃閃發亮，膚色溫暖。在義大利女人之中，美絕不是很普遍的，然而在這個國家的很多地方，卻可以看到極美的女人，並且在這些女人之中，據說美的特質達到最完美的境地。最美的西班牙女人據說見之於卡迪茲（Cadiz）地區，而最美的葡萄牙女人則見之於古瑪拿雷茲（Guimanarez）鎮。

談到希臘的女人，我們可能首先會注意到古代的希臘女人。在古代的希臘之中，美是無與倫比的。擁有最高程度的美的女人是絕對被人仰慕的。每個人都知道，海倫引起了有名的特洛伊戰爭。美麗的未雷圖斯的亞絲芭希亞（Aspasia）把培里克利斯統治下的希臘燒毀。根據亞典納斯的說法，三位美麗的高等妓女被帶走，是引起伯尼奔尼撒戰爭的原因。

然而，德・鮑伍（De Pauw）卻提

註12：（譯註）希臘神話中的塞浦路斯王，愛上自己所雕的女像，後由愛神賜給女像生命。
註13：據說，他以愛情征服某女人，晚上卻隱藏起來，緊貼她的雕像，他的貪慾是有污點的證據──老普利尼《博物誌》第卅六卷第三章。
註14：（譯註）羅馬學者。

●大衛　海倫與巴利斯之愛（局部）1788年　油彩畫布　147×180cm　巴黎羅浮宮美術館藏

供了一則有關希臘女人的美很不利的陳述。我們現在就引用他的見解：「有一個情況同樣明顯又驚人，那就是，雖然雅典地區有很多男人，身體能力呈現最完美的狀態，但是在那兒卻沒有一個時代或情況出現以美出名的女人。」

「穿著方面很粗心，沒有自然的優雅姿態來支援，將會削弱——就算不會完全破壞——那結合兩性所需要的魅力。為了改正這方面的惡習，雅典設立了一種非凡的行政長官，監督女人的衣著，強制他們在外表上要顯得很得體。這種制裁力量極為嚴厲：凡是額髮疏於裝飾或衣著不謹慎的女人，都要罰以一千銀幣，她們的名字以後要公佈在表格上，讓大家看到。如此，因違規而導致的醜名，甚至超過極重的處罰。名字出現在這種表格上的女人，就永遠在希臘人的心目中失去了地位。」

「這種嚴厲的處罰並沒有用，反而產生一種完全沒有被預見的弊端。為了避免這種可恥的責難，每一種破壞性的奢侈作風都被引進了。女人採行最放肆的模式，特別是過度使用化粧品，是文明國家中無與倫比的。事實上，這變成一種完美的偽裝，在公共場所中讓人們分不清最放蕩的妓女與最體面的婦女，就像芝諾風（Xenophon）在他的《經濟》一書中所指出的。」

「眉毛與睫毛以不同的方式加以染黑，臉頰與嘴唇用一種植物的汁來塗紅。植物學家稱呼這種植物為lythospermum tinctorum，其汁會產生一種比洋紅色還淡的紅色。在所有典禮的場合中，凡是不出色的臉孔與胸部都要用一件白鉛外衣遮住，除非是在喪禮的場合。甚至在那個時候，豁免的規定也不經常受到尊重，從麗希亞（Lysias）的訴狀可以看出來。」

「各種人類之中，最明顯的差異出現在阿提卡（Attica）的女人和特卻卡西亞（Tchercassia）的女人之間。後者的純潔膚色不是歸因於藝術的造作。在克里米亞的卡發的人肉市場中，她們必須在買方面前經歷很多考驗，證明她們的魅力只是源於上天所賜。」

「學者一直認為，阿提卡的女人採行壓擠身體的殘忍模式，其唯一的目的是要矯正形狀。但是如果我們考慮希臘商人（所謂的「安德拉波多卡塔羅」）的行事，我們就會認為，這是別有用心的。我們觀察到，這些商人把所有的女奴賣給耽於肉慾的富有男人，而所有的女奴都用繩子與繃帶壓擠自己的臀部。」

「有幾位自然學家認為，在希臘

南部、愛琴海的島嶼以及小亞細亞，女人會有不尋常的液體流出現象。我們的時代一位最偉大的解剖學家已經發現，這種奇特的現象甚至影響了骨骼的構造，他從東方諸國所獲得的一塊骨骼就顯示出這一點[註15]。這些國家中很多女人的骨骼結構，增加了生產時女人與嬰兒的危險，所以她們無法逃避生產的極度痛苦。然而，所有的努力想必都沒有什麼幫助。一旦一種源自風土本性的特殊現象影響人體的結構，那麼，我們可以確定，其影響力是不可改變的。加倫（Galen）說，在他那個時代，埃及的女人必須被割除陰唇；十九世紀仍然如此。就算經過廿個世紀，阿爾卑斯山的居民頸部還是時常出現腫瘤。」

「男人以矯正雅典處女的身體為藉口，在她們身上強加痛苦；要不是男人小心處理，減少營養體液造成的必然影響，她們是無法忍受這種痛苦的。狄奧斯科利德（Dioscorides）告訴我們說，男人不僅在她們身上強加拙劣的預防措施——經常性的禁食，並且也使用收歛性與含鐵的粉末，防止因為過分壓縮腰部而造成胸房變得太大。」

「這些細節足以證明：雅典女人的一切都是人工的、壓制的，而男人卻從大自然之中出生，獲賜所有

的『恩寵』，就像芝諾風所描述的奧托利克斯（Autolycus）。柏拉圖描述恰米斯（Charmis）像蒼穹中的一顆星星，經常有一群仰慕者包圍，而德穆斯（Demus），即皮利蘭普斯的兒子，他的名字被刻在城鎮的柱廊上，以及房子的正面，把這樣一位有成就的人的名字傳給後代。」

「盧希安可能是用假名表達自己的意見，也可能實際上傳達另一個人的意見。他告訴我們說，當時的藥品、化粧品多得令人驚奇，用來消除天生的缺陷，確實變得令人噁心。過分使用每種藥物的結果，產生了一種普遍性的面具，看得人很厭倦，對於情緒也有很致命的影響。特倫斯（Terence）用一個借自梅南德的美妙字眼來表達這種外觀與面容一律相同的現象。」

——從那時起，我從心中消除所有的女人，每天面對這些形像，我已感到很厭倦。

「這些女人在有關衣服方面的一

註15：肯培爾著《鹿特丹文學學會所提出的一個問題之解決》。

切，也同樣顯得放肆。她們沒有去增加自己的魅力，反而努力要讓魅力完全失色。『你從來不會認為，』一位哲學家說，『戴在頸子上的紅寶石與翡翠的強烈光輝，甚至會破壞眼睛的活潑神情。要讓你變得比較不可愛，卻需要花那麼多錢，然而，希梅特斯山與狄亞克利的樹叢卻長滿了花，藉著牧羊人的手做成了美妙的花綵與花冠，不會製造困惱，反而提供歡樂。』」

「有些現代的旅行者為好奇心所驅使，去造訪愛琴海的島嶼，尋求那種完美的女性美——被認為存在於一些地方，在那兒，希臘人的血統比在歐陸更純。結果他們並沒有在薩莫斯與克里特發現諸如萊伊絲或菲麗尼這樣的美女，反而發現那兒的女人完全為大自然所疏忽，讓他們感到很驚奇。那兒的女人五官甚至不規則，就形態的高雅與膚色的明亮而言，都相當不如北方的女人。」

這些就是德‧鮑伍的陳述。這是最荒謬的矛盾，因為只要某一個地方男人長得好看，女人是不可能長得醜的。很確定的是，如果幾個世紀以後的作家描述當今我們的喜劇、諷刺文學甚至道德說教中的英國女人，他們也會提供同樣錯誤的陳述。以下由一位旅行者所提供的

陳述是多麼相反的陳述啊。

「在愛琴海的島嶼中，我們經常會看到十歲的女孩就很適合結婚了。等到十五、六歲，她們在體形、力氣以及所有最美的生理特性方面，就幾乎沒有什麼進展了。」

「風土的本性促使女人較早臻至適合結婚的狀態，但她們也具有道德的氣質，吻合這種生理早熟的情況，這一點並不令人驚奇。精神的充沛、感情的激動，會伴隨這種感官早熟的現象而來。那種努力要在外表上表達出來的猛烈激情，在希臘女人之中是很強烈的。她們很容易受到愛情的影響。她們溫柔又熱情，所愛的對象在她們眼中是一切。為了保有所愛的對象，對她們而言並沒有一種犧牲是令人痛苦的。如此，她們是真正的女英雄。那是一個多麼迷人的國家，在那兒，溫和的氣候以及土地的外表，多麼美妙地吻合那種美，而愛以其迷人的特徵為這種美賦以生命，柔情以其最美的迸發為這種美賦以生命，一種慷慨與全心的奉獻以奔放的精力與勇氣為這種美賦以生命！」

「但是，如果我們認為，感官的錯亂會伴隨那種精力以及那種感性的熱狂而來，那就錯了。這些女人是那麼溫柔，那麼熱情，同時卻相當保守：雖然熱烈與深沉的感情折

●梳髮的維納斯　洛德斯島出土（B.C.100年模刻，原作特達沙斯B.C.230年銅鑄）　大理石　高49cm
希臘洛德斯美術館藏

磨、騷動她們的靈動，但這種內心的困惱卻沒有表現在外面。她們的舉止保留了鎮靜與莊重的外表。謹慎的端莊行為指引她們的行動。她們對於被愛感到很自傲，因為她們自身充滿了熱情，她們只是暗中屈服於強有力的情緒；這種情緒被壓制的時間越長，就顯得越激烈。她們絕妙的感性充滿了所有的魅力，敏感與明智的男人可能享有天堂般的幸福，那就是，他們會看到豐富的表情以及所有令人愉快的感情徵象，簡言之，他們可能在被愛時享有天堂般的幸福，因為他們幾乎不可能置身在別的地方。」

事實上，歐陸尤其是希臘島嶼的女人是極為美麗的。如果這些希臘人的後代並不美麗，那確實會很令人驚奇，因為他們的所有殖民地，如那不勒斯、西西里等地的女人仍然以美出名。大大的眼睛也許是希臘人最明顯的特點，在他們的後代身上仍然可以發現這種特點。

土耳其的女人相當美。她們把眉毛畫得很黑，就像希臘人。她們像男人一樣除去陰毛，使用一種由雌黃與石灰製成的脫毛劑——「魯斯瑪」。埃及人也這樣做。

阿拉伯的女人在年輕時很美，但是，她們跟很多野蠻國家的女人一樣，習慣在皮膚上畫上很粗的輪廓，損傷自己的外貌。這種習俗無疑是源自一些野蠻人，他們裸露身體又沒有其他裝飾，就採行這種習俗。

東方女人的美幾乎為每位旅行者所稱讚。貝隆（Belon）告訴我們說，所有的女人，縱使是最低階層的女人，皮膚都呈現清新的玫瑰色，顯得白皙、膨脹、光滑、柔軟，一如天鵝絨。這種情況也許是源於她們經常洗浴。回教徒習慣購買所能發現的最美女人，因此無疑是有助於她們的美。因此，以前很醜的種族波斯人，如今已經變得像歐洲人一樣美，特別是在他們的大城市如伊斯巴罕之中。

特卻卡西亞人、明格雷利安人、卡卻未利安人以及喬治亞人，都以美著名。因此，在土耳其，猶太人與基督徒都不准許購買這些美麗的女人，尤其是卡卻未利安人，她們是為忠實的男人而保留的。這些女人以奴隸的身分被帶到君士坦丁堡，在年輕時被賣出去，從此散佈到土耳其各地，以便在後宮中服務，或者為主人生育孩子。這個國家有些女性基督徒曾去看她們，提供了我們有關她們的陳述，同時醫生也有機會看到她們之中的少數。從這兩種來源，我們知道，她們具有歐洲人的五官。幾乎所有的這些

女人都長得很美，有著烏黑的頭髮。她們在年輕時，體態全都非常均勻。但是，由於靜養、生活舒適又經常洗浴，所以她們一般而言都體態豐滿，成為土耳其人很喜歡的對象，但是體態的豐滿卻超過身材美妙比例的界限。

在印度可以發現很美麗的女人，例如拉合爾和伯納爾斯地方的女人就是如此。這些女人據說是最多情的印度女人。據說，她們喜歡歐洲的白種人，不喜歡印度本地的男人。雖然她們的膚色是棕黃色，但她們五官的神情卻極為柔和，顯得精神充沛，她們的形體高雅又嬌弱。果爾冀達與維查波爾的黃膚女人在亞洲仍然是人們尋求的對象。

巴之利的女人有很多長得很美。阿特拉斯山脈的女人是夠美，但是那些住在城鎮的女人沒有照射陽光，白得很純，我們大部分的歐洲女人相較之下都會為之失色。

埃及的女人身材矮小，但胸房很大。「在尼羅河上的默羅厄國，肥胖的嬰兒有較大的奶頭」，朱文納（Juvenal）說。她們之中體態過分豐滿的女人被視為大美人。為了達到這種效果，她們大吃最有營養的食物，生活在一種最為怠惰的狀態中，不斷進行鬆弛身體的洗浴。

女黑人也有她們的美與價值。

她們之中有些年輕時有很挺的鼻子，或者幾乎是鷹鉤鼻（不過這絕非是衣索匹亞人的美所必要的），身材也不會讓歐洲人蒙羞。在很多情況下，嘴唇只是微微突出，臉頰幾乎不很醒目，胸房的位置很準確，不鬆弛，也不下垂。「讓我們考慮」，一位法國作家說，「那像紅珊瑚的嘴唇放置在完美烏木的底子上，那像玫瑰蓓蕾的嘴兒放置在黑色天鵝絨上，那兩排明亮的珍珠，那雙充滿了火花的大眼睛，容貌的那種優雅，整個形體的那種柔軟，那令人銷魂的彈性，每個動作之中所透露出的那種自在模樣，在女黑人之中比在歐洲人之中更明顯。如果我們准許描繪其他美麗的地方——在這些不幸的奴隸之中，這些美麗的地方是用象徵純真的衣物遮蓋住——那麼，在不偏見的眼光中，她們會勝過多少雖是白膚但卻很醜的女人啊！」然而，後者那種紅色與白色美妙混合，顏色多多少少充溢的程度表達出每一種熱情，難道不勝過前者在容貌上那種永恆的單調，那種遮蓋住所有情緒的不動黑色面紗！請在這些之上再加上飄垂的秀髮、更加高雅的對稱形體，以及她們自己那種有利於白人的看法。

第二章　論愛

●梵得威夫　愛侶　1694年　油彩木板　37×30cm　阿姆斯特丹國立美術館藏

◆第一節　愛的起源與影響

羅馬的祖先，吉祥的愛之后，
下界的人以及上天的神的歡悅；
妳把妳那擴散生命的靈魂
四處傳開到有位於迴旋的極點下的一
切；
那輕快的海洋擁有妳溫和的力量，
而土地生產豐富的果實，裝飾著花；
活生生的部族從妳那慈愛的微笑中升
起，
在歡樂中觀看那為天空鍍金的寶珠。
神聖的女神！在妳發光的形體面前
掠過了寒冷的蒸氣以及冬日的暴風雨；
為了妳，大地芬芳了芳香的胸房，
舒展了她的花兒，開放了所有的花朵；
藉著妳那強力的詭計，動了憐憫心的海
洋
撫平了粗糙的額頭，臉上充滿微笑；
而整個天界充滿了更清晰的亮光，
在寧靜的榮光中安詳地閃亮著。

——盧克雷丟斯（Lucretius）

　　如果我們把人類存在的期間與動物存在的期間加以比較，則青春期——即產生愛情的各種環境，在人類之中是較晚出現。無論如何，性別、氣候以及生活方式對於青春期現象的較早或較晚出現有很大的影響力。女人比男人早一兩年達到

這種狀態，南方國家的居民比北方國家居民早很多年達到這種狀態。基於這個理由，在氣候最熱的非洲、亞洲與美洲之中，女孩在十歲甚至九歲就可以結婚了，而在法國，可結婚的年紀是在十二歲、十四歲或十五歲。在英國、瑞典、俄國以及丹麥，月經（青春期最明顯的徵象）則是在兩、三年之後出現。

　　如此，我們絕對無法決定任何明確的青春期，因為青春期隨著氣候與性情的變化而有所不同。然而，一般而言，女性比男性稍微早出現，所以在本國之中，年輕女人大約是在十五歲時進入青春期，年輕男人則相反，是在接近廿歲時進入青春期。

　　青春期所顯示的徵象是：力量與肉體激情增加，動作充滿活力，顯得激烈，眼睛閃亮著熱情之火。

　　我們發現，男性能夠繁殖，物種的生命開始存在——不僅藉著排出大量精液，也藉著聲音的改變。聲音變得更豐厚、深沉、響亮。下巴也長滿鬍子。生殖器部分出現毛髮，快速變大，以後一直保持這種大小。整個身體增長。一般的性徵在青春期之前相當不明顯，短暫的一瞥可能造成誤解，但此時卻變得相當明顯，不可能發生差錯。

　　聲音的改變是生殖能力的最確

MVNIFICENTIA.PII.SEXTI.P.M

定指標。以下的觀察證明這種變化是源於發聲器官越來越完美，而發聲器官越來越完美的情況，經常伴隨性器官越來越完美的情況而來。在青春期之中，發聲器官會迅速增大，在不到一年的時間中，聲門的孔增加五倍到十倍，它的長度與寬度實際上都會加倍。這些改變在女人之中遠較不明顯，她們的聲門只增大五倍到七倍。就這一點而言，女人很像孩童，她們的聲調已經顯示出這一點。

然而，我們卻不能以鬍子早出現來判斷年輕人進入青春期，因為我們都知道，那些很早就放縱於性生活之中的男人也會較早出現鬍子。因此馬歇爾（Martial）說，「騎兵們的頭髮散發出山羊的氣味，他們的鬍子應被大家所欣賞……」但是，如果男人早熟，那麼死亡——致命的死亡也會早來。

在這個時期，女性的細胞組織比較豐富，充滿油性液體，填滿肌肉之間的皺紋，使得皮膚微微擴張。因此，有些部位如胸部，會明顯擴大，同時這些部位與子宮有交感作用，所以它們的所有脈管都出現更大量的液體。

一旦年輕女性的乳房開始成長，年輕男人的鬍子開始長出，並且兩性出現其他到達青春期的現象，女性就開始行經，男性就開始分泌精液。

然而，在兩性之中，器官的一般構造，以及準備好的較具刺激性的新液體，卻有其基本上的差異。在年輕男人之中，纖維組織的力量必然會增加，所有的印象必然會變得更有力量。在年輕的女人之中，則移動極為容易，力量消耗較少，這樣只會呈現更加活潑的特性。

由於感覺到新的需求，所以在男人之中出現「大膽」混合以「膽怯」的情況。之所以「大膽」是因為他所具有的慾望讓自己感到驚奇，也因為不相信慾望會實現，所以感到不安。在年輕的女人之中，同樣的需求產生了一種以前不曾有過的感覺——羞愧，這種感覺可以被視為是以迂迴的方式表達慾望，也可以被視為是以自然的方式象徵慾望的秘密銘記。同樣的需求也發展出一種資源，這種資源到目前為止並不完全為人了解——賣弄風情，其作用最初似乎是註定要彌補羞愧所造成的作用，然而實際上卻時而為這種作用提供新力量，時而從其中借取新力量。

在兩性之中，適婚年齡後的最初幾年，有時各種才華會突然出現。

青春期彰顯在女性身上的那些徵象，需要在這兒特別加以注意。

●普拉克希特雷　阿波羅・沙羅克特諾斯　B.C.350年（羅馬時代模刻）　大理石　高167cm
羅馬梵諦岡美術館藏　此件原作現已不存，模刻約有廿件，此為其中一件。（左頁圖）

性器官變大，使得孔道變得較狹窄；胸房變得渾圓並增高，在胸腔外形成相當突起的現象。她們的身體會分泌含血的排泄物，每月在子宮的血管出現一次，以「月經」為人所知。

這種定期的排泄現象在大部分的女人身上以很多徵象顯示出來，這些徵象顯示出循環系統的體液過多，包括自然感到疲倦，臉孔紅熱，面貌生動。此外還有其他徵象，顯示體液導向子宮，子宮局部體液過多，腰椎疼痛等等。第一次來經之後，這種現象會停止。但在很多種情況之中，這種現象可能被視為真正的疾病。深紅色的血會持續幾天，量變得較多或較少。女性會免於這些難以忍受的徵象。

這種排泄的現象最初顯得不規則，以後就每個月固定出現一次，持續的時間從兩天到八天，每次排出三盎司到一磅的血。如果女人性情樂觀（註16），體型豐滿，性向好色，或者如果女人很脆弱，則月經的時間最長，量最多。流出的血是紅的，來自動脈。在健康的女人之中，所流出的血不具有不良的特性。

在整個月經期間，女人變得比較脆弱、敏感，所有的器官多多少少會受到子宮的影響。一個有經驗的觀察者很容易藉由脈搏而分辨這

種狀態，但藉由臉孔的變化與聲調更容易分辨。此時的女人需要非常小心。不必要的靜脈切開、清洗或其他不適當的服藥行為，都可能壓制月經排泄，引起最嚴重的後果。

一般而言我們必須說，月經似乎會讓女性免於男性所遭遇的很多不方便，如痛風與結石，這兩者在女性之中很少見，但在男性之中卻很常見。我們也能夠看出，月經對於懷孕有一種重要的用途：大部分雌性動物的性器官在月經期間，都會受到一種紅色淋巴液所滋潤。大有進者，性器官必須經常接受大量的血，如此，需要大量的血液的懷孕狀態才不致產生變化，危害到整個生命功能的系統。

月經的排泄會在懷孕時暫停，在哺乳的最先幾個月也會暫停，只不過後者有很多例外。在我們這種氣候的地區中，停經的時間從四十歲到五十歲，有時更早，很少更晚。如果女人性情暴躁、情緒暴戾、體格虛弱，或者營養不良，則一旦停經，胸房就會變得鬆弛，身體的豐滿輪廓會變弱，皮膚出現皺紋，失去柔軟度與色度。停經會引

註16：（譯註）sanguineous，本意為「含血的」。

起在這個年紀──所謂生命的轉折，所出現的很多疾病，這些疾病對很多女人而言是致命的。但是，我們也觀察到，一旦這個危險時期過去了，她們的生命就比較安全，並且可能比同年紀的男人更長壽。

隨著第一次月經而來的神經興奮狀態，會在以後的月經期部分地再現。每次月經來臨，女人的感性會變得更美妙，更敏銳。在整個危機期間，謹慎的觀察者時常會在女人的面孔中看到一種更生動的成分，在她們的語言中看到一種更傑出的成分，在她們的慾望中看到一種更無常與多變的成分。

在我們所描述的兩性青春期之中，性本能好像藉著一種內在的自然聲音，先是在處於生命鼎盛期的男人身上刺激性交慾望，然後促使他們傾向於性交。在這個年紀之中，感官的興奮與騷動會產生一種新的感覺，在這種感覺之中，只有男人似乎會接受自己的存在，每種東西都似乎變得有生命又美化，四周的一切似乎都燃燒著美妙地吞噬著他們的火燄。

這種愛的影響力並不只限於男人，它會伸延到整個大自然，從下面達爾文的詩行中可以看出來──那麼美，我們不能忽略。

「現在，年輕的『慾望』裝備著紫色的羽翼，
乘著那象徵男子朝氣的溫暖強風，
用較柔和的火燄射穿處女的胸房，
染紅蒼白的臉頰，刺激溫柔的心，
趁短暫『生命』的脆弱力量還未衰退
趁『天堂』的美妙影像還未消失；
『愛』的美妙觸碰更新了器官的結構，
形成一個年輕的『存有』，另一個『存有』也是同一個『存有』；
從他的玫瑰唇吐出生命的氣息，
用他的手擋開死亡的箭；
而『美』展開天使的翅膀，沉思著新生的生命，拯救沉淪的世界。」

「因此，性的『歡樂』停留在綠葉上
而『愛』與『美』簇擁在鐘形花上；
醒著的『花藥』躺在絲床上，
俯瞰愉快的『柱頭』，彎著光滑的頭部；
兩唇相遇，微笑融合在一起，吮吸
花密之杯的美味露珠；
或者飄浮在空中，羽毛似的『情人』跳躍著；
尋求他那展開『處女膜』之翼的渴慕新娘。」

「『雄蕊』透露正確的慾望，
提供那塑造生命的多產粉末；
遁世的『花柱』表現出適當的傾向，
分泌那塑造生命的多產液汁：

這些都在片刻之前到達果皮之中，
衝到彼此身上，活生生地擁抱。
由新的力量所形成，向前進的部分繼之
而來，
結合成一個整體，膨脹成一個種子。」

「所以，生動的『花藥』形成溫柔的群
體，
在波浪起伏的萊茵河上閃耀著明亮的大
自然；
掙脫莖幹，在液狀的玻璃上，
當它們經過時圍繞仰慕的『柱頭』；
失戀的『美』抬起芬芳的額頭，
對著塞浦路斯王后悲嘆祕密的誓言，
像警戒的『希爾羅』感覺到它們溫柔的
警報，
在懷中緊抱著漂浮著的情人。」

「因此，『雄蟻』展開輕薄的翅膀，
小小的『亮光蟲』揮動金色的羽毛；
『螢火蟲』閃亮著熱情的亮光，
在每座綠色堤岸上，蠱惑夜的眼睛；
而新的慾望困惑著那著色的『蝸牛』，
雙重的愛結合雙倍的性。」

「因此，當義大利土地上的『桑樹』
對著『春天』的溫暖陽光伸展膽怯的樹
葉；
在上方無數的『蠶兒』成群
吃著綠色的寶物，不知道有愛；
片刻之前，盤旋著頭部的多變蠶兒

織著絲床的美妙幕慢；
蠶寶寶捲在一層又一層的網中，
安全地免於陽光照射，也同樣免於暴風
雨侵襲；
有漫長的十二天，『他』夢想開花的小
樹林，
未被品嚐過的蜂蜜以及理想的愛；
從恍惚中醒過來，在年輕的『慾望』中
警戒著，
發現新的性，感覺到狂喜的激情；
從花兒到花兒，他帶著蜂蜜的嘴兒跳
躍，
乘著銀翼尋求天鵝絨的愛。」

「魔鬼『嫉妒』以可怖的皺眉
摧殘不屬於自己的美妙『歡樂』花朵；
滾動狂野的眼睛，穿過顫動的小樹林，
追隨不懷疑的『愛』的步伐；
或者他的鐵車開過嘎嘎作響的平原，
投擲他的紅光火炬，點燃戰爭的火
燄。」

「這兒，英勇的『公雞』熾燃著敵手的
怒氣，
而『鵪鶉』與鵪鶉進行可疑的戰鬥；
為武裝的踵部和豎起的羽毛感到自傲，
牠們發出尖銳又高聲的侮辱性叫聲，
羽翼沙沙作響，胸部膨脹，
用開起的嘴喙抓住流血的羽冠；
以快速的翅膀飛到掙扎著的敵人上方，
在空中瞄準致命的一擊。

那兒，聲音沙啞的『雄鹿』蔑視那聲音嘶啞的敵手，
用枝狀的鹿角頂撞、擋開；
好鬥的『野豬』用發光的獠牙攻擊，
以肩膀為盾預防邪惡的攻擊；
野母豬則成群在沉默的驚奇中專注著，
以讚賞的眼光看著勝利者。」

「所以，『武士中的武士』，在傳奇中有紀錄，
催促著堂皇的駿馬，放低伸長的矛；
他那可怕的好本事以無可抗拒的力量，
擊落對陣的戰士及其馬匹，
獲得讚美，做為對他的辛勞的寶貴獎賞，
他對著美女鞠躬，接受她的微笑。」

「所以，當具有不祥魅力的美麗海倫
為巴利斯所追求，激起世界武力相向，
使得她那懷恨的主人無助地嘆息，
為的是誓約被違、愛情喪失、輕蔑加身；
無數的『英雄』們為了他的冤屈而憤慨，聯合起來，
毀滅自傲、通姦的特洛伊的不義領土，
他們勇敢地面對未定之天的戰鬥，
在悲嘆中陷入黑夜的陰影中。」

「現在，婚姻的誓約聯繫了宣誓的配偶，
將父性的照顧結合以母性的照顧；

結為連理的鳥兒精選出
柔軟的薊毛、灰色的苔蘚以及分散的羊毛，
在隱密的鳥巢四周圍上一圈圈的羽毛，
以多情的鳥嘴相見，以撲動的翅膀求愛。
一星期又一星期，無視於自己的食物，
盡責的『朱頂雀』溫暖了未來的孵鳥；
她那象牙似的嘴唇轉動每個有斑點的蛋，
一天又一天，熾燃著多情的期待
聽到幼小的囚犯在小室中發出唧唧聲，
把頑固的蛋殼裂成半球形。
可愛的『夜鶯』高歌著溫柔又顫動的曲調，
誘惑多情的新娘，驚醒成群的幼鳥；
傾聽著的眾鳥棲息在盤旋的苔蘚上，
晃動著小小的翅膀，和著歌兒低哼著。」

「『獅王』忘記自己野蠻的自傲，
以打趣的獅爪向黃褐色的新娘求愛；
傾聽著的『老虎』熾燃著熱情之火，
聽到斑紋虎貴婦發出相思的夜叫聲。
專制的『愛』消除了野獸的戰爭，
屈服了牠們高傲的頸子，讓牠們加入他的廂座，
在服從的配偶上方搖動他那絲製的鞭子，
激勵謙卑者，壓制強有力者。」

◆第二節　愛的時期與徵象

我們正確地觀察到人類的一種特性，那就是，他們發揮性器官的功能，並不受制於季節的影響。相反地，動物是在一年固定的時期與某些時間交合，之後似乎就遺忘了愛的歡樂，只去滿足其他需求。如此，狼與狐狸在冬天交配，鹿在秋季交配，大部分的鳥在春季交配等等。只有人類在所有的時間性交，在每個地區之中和所有的氣候之中讓女性懷孕。

這種特點也許比較不歸因於人類的特殊本性，而是比較歸因於人類的勤勉所導致的優勢。人類能夠建造住宅，免於受到嚴酷季節以及各種氣候的影響，並且能夠預先儲存糧食，滿足生理的需求，所以他們能夠在所有的時間，在同樣的優勢之下，參與愛的歡悅。較富裕的階級尤其是如此，因為較富裕的階級享有美好的生活、空間、時間以及兩性之間的習慣性交際，刺激想像力，為這些需求提供新奇與更廣泛的影響力。同樣地，家中豢養的動物由於在某種程度上免於外在的影響力，所以在所有的季節之中幾乎都同樣多產。

然而，鳩多‧德‧卡瓦岡提布斯（Guido de Cavalcantibus）卻指出，女人在夏季最容易動情，而男人在冬天最容易動情。但是，這種情緒對立的情況並不自然。如果我們相信兩性有任何共同的這種時期，那將是春季。

在動物之中，愛幾乎完全是生理方面的。一般而言，牠們不做個別的選擇。此時牠們所處的狀態似乎是暴力的狀態。雌性發出表示痛苦的叫聲，雄性似乎處在同樣痛苦的狀態中。牠們會變得消瘦，吸收很少的營養。牠們的身體似乎充滿了熾燃的激情，會喝飲很多水。在這個危機時期，雄鹿以及其他物種會失去頭上的角。牠們處在永恆的興奮狀態中，除了性慾之外，其他一無所有。牠們幾乎沒有想到自己的安全。

這種激情在群居的人類之中雖然性質明顯地改變了，卻一直是相同的。他們的情緒確實專注在對象之中，但是，他們跟處在類似情況下的動物同樣顯得興奮，甚至痛苦。興奮也許是靜寂的，不安也許是隱密的，但卻同樣真實。眼睛時而閃閃發亮，時而鬱鬱不樂。他們吃很少的東西，內心似乎充滿極端的熱情。

旅行者告訴我們說，一些非洲的部族一旦處在愛的時期，就會吐出一種強有力的氣味，像一些發情

期的動物。我們甚至可以在優雅的歐洲人之中觀察到這種動物性氣息，只不過比較微弱，尤其是當他們在跳著華爾滋等令人銷魂的舞，快速的動作激起他們的活力。因此，在這種跳舞的親近狀態中，情人很容易發現他們的情婦的感情，因此，如果能夠在女人身上發現這種情況，男人就會邀請她們跳舞，也因此，父母和男人有時會反對其他人在女兒和情人身上進行這種實驗。

如果這是處於溫和氣候的歐洲的情況，那麼，較南部的地區想必會是什麼情況呢？在那兒，女人表現出強烈的熱情，放縱於這種跳舞的運動中，以致於陷入歇斯底里的騷動狀態。在她們之中，這種舞蹈其實伴隨以情色的歌曲、淫蕩的姿態以及猥褻的觸摸。每一根肌肉似乎都變硬、收縮了，一切都散發出貪婪的愛之火燄。

也許你會預期一群女孩，她們一起唱著歌，
開始跳一種淫蕩的西班牙舞，然後受到用餐者喝采的鼓勵，搖著屁股，身體沉淪在地板上──
這是一種刺激衰退的性慾的方式，由富有的人
使用做為一種強烈的催情劑，其緊張感

覺繼續增加，
一直到終於尿濕，算是對情景
與聲音的反應。

　　　　──朱文納(Juvenal)諷刺詩第十一首

人類的道德之愛跟動物之中的生理之愛，有著同樣的原則。其間唯一的差異是，每一隻異性動物都一樣是動物，而人類雖然在面對一位合意的女人時一定會產生感情，但卻固定只選擇一個對象。動物直接設法滿足自己的需求，而人類則基於道德的環境，無法順從自然的慾望。

在這種激情的影響之下，兩性的行為也有很大的差異。男人天生要完成偉大的事情，他們似乎放縱自己的本性，允許自己被愛所征服。一旦年輕人的熱情之火促使他們表現這種激情，他們就會陷入一種憔悴的狀態中，能力全都不見了。但是，這種激烈的情緒會因為歲月的推移而冷卻。他們不久就會恢復原狀，理性持久地支配他們，使得他們只懷有溫和與固定的感情，表現於外在的行為之中。相反地，女人的心中首先會出現一種取悅對方以及被對方所愛的慾望，當她們變得成熟時，這種慾望就會成長、增加。但是，由於愛是伴隨美

而來，而美會隨著青春的消失而不見，所以女人有時會因為年紀增長而變得陰鬱。她們失去魅力，不再有人追求，她們經常無法承受這種被人忽視的痛苦。

我們可以認定，愛並不總是伴隨有感情。沒有感情的暴烈之愛可以從以下的故事中得到很好的證明。

君士坦丁堡被土耳其人攻陷時，愛倫是出身優秀家庭的年輕希臘女人，落入了穆罕默德二世的手中。穆罕默德二世當時正值青春與榮耀的鼎盛期。他那顆野蠻的心被她的魅力所征服，就將自己和她關在宮中，甚至不允許他的大臣接近。愛佔據了很大的地位，所以他時常捨棄軍隊，飛奔到他的愛倫身邊。戰爭緩和下來了，因為勝利不再是這位君王最喜歡的事情。習慣於掠奪的兵士開始抱怨，甚至影響到指揮官們。大臣穆斯塔發基於對主人的忠心，首先敢於把手下不利於他的公開言論告訴他。

這位蘇丹在經過一會兒陰沉的沉默後，終於做了決定。他命令穆斯塔發在第二天早晨集合軍隊。然後，他急忙退到愛倫的住所。這位王后以前不曾像此時那樣迷人；這位國王以前不曾像此時那樣熱情地多次擁抱她。為了讓她的美增加一種新的光采，他要她的女侍表現出最高度的技巧與謹慎模樣，為她穿上最好的衣服。然後，他牽著她的手，引導她走進軍隊之中，扯開她的面紗，露出兇猛的表情問大臣們：他們曾經看過這樣一位美女嗎？經過一會兒可怕的停頓後，穆罕默德一手抓著這位年輕希臘女人的美麗秀髮，另一手拿出他的彎刀。彎刀一揮，頭與身體就分開了。然後他的眼睛露出狂野與憤怒的神色，轉向他的大臣們。「這隻刀，」他說，「一旦成為我的意志，就會切除愛的束縛。」

◆第三節 愛的經濟

為了達到愛的目的，盧騷說得好，男人應該攻擊，女人應該守衛。男人應該選擇攻擊的慾望很明顯的時刻，以及這種慾望保證會成功的時刻。女人應該選擇屈服的行為可能對她最有利的時刻，她應該知道如何在適當的時間屈服於攻擊者的暴力，也就是說，甚至先藉著自己的抗拒軟化他的性格。她應該知道如何最為看重自己的失敗，如何誇耀自己熱心地想要給予——就像對方熱心地想要獲得的東西，簡而言之，她應該知道如何以謹慎和溫和的方式輔導彼此的歡樂，做為

一種支持的力量、一種防衛的力量。

使得女人能夠表現這種行為的情緒是「羞愧」。然而，這種情緒在一種自然的狀態中是不為人類與動物所知的。他們為何應該羞於顯示出大自然產生他們時的樣子？他們為何應該羞於繁殖他們的後代？

其實，我們幾乎不能說，「羞愧」甚至存在於寒帶國家那些有點文明的居民之中。拉普蘭人（Laplander）都睡在一起，無論男女，無論少年少女。有些北方人讓他們的女兒在陌生人身上賣淫；還有的北方人幾乎沒有愛情的觀念，把自己的妻子提供給客人。請參見史特雷（Steller）、柯拉斯奇尼尼可夫（Krascheninnikoff）、格米林（Gmelin）、喬治（Georgi）、巴拉斯（Pallas）以及所有北方旅者的敘述。

在熱帶國家之中，「羞愧」才成為一種美德。在這種氣候之中，想像力很強烈，性愛很有力，所以要緩和這兩者是最困難了。如果允許他們裸體，煽動這種想像力，不斷刺激愛的慾望，那麼結果會是如何呢？這些人不活動，由於熱氣的關係，一天大部分的時間都坐在蓆墊上，更需要有異性出現。

然而，這並不意味說，這種羞愧是與貞潔成比例的。阿拉伯女人很矜持，洗澡時不為人所知道。有

過路人接近時，她們不改變姿勢，只是用雙手遮住臉部。一位旅行者說，我到敘利亞從事各種小小的遊覽，一定注意到了這種情況。這些女人其實像地球上的所有女人，為了女性的榮譽，需要在公開的場合獲得男人很大的尊敬，但是，在私人的場合中，她們並不總是這麼矜持。

在溫帶地區，我們的情況是介於寒帶的居民與熱帶的居民之間。我們不把女人關在後宮之中，也不像拉普蘭人一樣對待女人。

據說，「羞愧」是因「歡樂」而產生。「羞愧」使耽於肉慾的傾向變得高雅。「羞愧」為那些本身沒有價值的東西提供一種無法估計的價值。如果我們藉由巴菲恩甲冑的透明面紗看一眼，則總是會有一種經常很新奇的感覺，但是如果沒有遇到阻礙的話，不久就不會有這種新奇的感覺了。如果不是因為矜持的緣故，所有這些愛的偷偷摸摸行為都會變得沒有價值。

「羞愧」像所有其他源於社會的虛偽情緒一樣，有其例外的情況存在，很值得我們做哲學性的觀察。最具有「羞愧」情緒的最美麗女人在成為母親並哺乳嬰兒時，可能會因此當眾露出胸房，然而最容易被激起想像力的男人卻會突然表現敬

意，不會懷有邪惡的慾望。幾小時之後，她的衣服露出一小部分的胸房，這時男人的想像力可能被激起，美麗的女人可能激發起他們的熱情。

由於「羞愧」是社交默契的目標，所以我們無法決定其限度：其限度在每種人民之間都有所不同。在我們的歐洲社會之中，這種限度一個月改變一次。某一天，基於時尚的緣故，所有的女人都遮蔽胸房，到了第二天，相反地，由於時尚的緣故，女人都毫不保留地露出胸房，到了第三天，基於時尚的緣故，這兩種行為都受到了禁制，女人開始藉著外在的衣著來模仿最準確的乳房形態，最後以圓錐形尖點模仿乳頭，然後丈夫向人們炫耀他的妻子，情人向人們炫耀他的情婦——每個男人都比其他男人更加虛榮，他的伴侶展示出有關胸房及其附屬物的最完整、最準確與最美麗的模仿。這些事情不會傷害到「矜持」，因為「矜持」是一種習慣的事情，因為時尚是「矜持」的仲裁者。

「美」與「優越」絕非是「愛」所必要的。康格利夫（Congreve）以美妙的方式說明這一點：

菲納兒：我認為，就一位熱情的情人而言，你對於你的情婦的缺點有一點眼光太敏銳。

米拉伯：就一位眼光敏銳的男人而言，我有點是太熱情的情人，因為儘管她有缺點，我還是喜歡她，不，是因為她有缺點，所以我才喜歡她。她的愚蠢是那麼自然，或者那麼巧妙，所以很適合她。那些做作的表現在另一個女人身上會很討人厭，但在她身上卻更加適意。菲納兒啊！我要告訴妳，她有一度以傲慢的態度對待我，所以為了報復，我把她分解開，加以過濾，把她的缺點分開。我研究這些缺點，熟記在心。其種類太多，我都很可能有一天會真心憎恨她呢。為了這個目的，我習慣想及這些缺點，但最後跟我的計畫和希望相反，我每個小時都感到心中越來越平靜。幾天之後，我在記起這些缺點時就不再感到不愉快了。這些缺點現在對我而言變得很熟悉了，就像我自己的弱點。再過一段時間，我可能就會喜歡它們了。」

——《世道》，第一幕第三景

如果世界上只存有生理的愛，那麼就不會有異性的個人之間的區別了，就像動物一樣。安東尼就會發現其他女人跟克利奧佩特拉一樣美麗；然而，安東尼卻是為克利奧佩特拉放棄了生命與世界的統治權！至於美，如果沒有道德的愛，那麼每個女人，無論美醜，都會是

同樣的，我們就不會有理由喜歡一個女人，不喜歡另一個女人。

　　道德的愛是所有在熱情之中顯得美麗的文物的基礎，情色作家把所有的興趣專注在道德的愛之上，這一切興趣也是以道德的愛為基礎。所以斯塔爾夫人（Madame de Staël）才說：「我們所愛的女人所露出的第一線智力之光是多麼迷人啊！在記憶還沒有與希望結合在一起之前，在字語還沒有表達感情之前，在口才還無法描述我們的感覺之前，就在這個最初的時刻之中就出現了一種想像力的騷動與神秘，比快樂短暫，但卻比快樂更迷人。因此，我們不朽的莎士比亞寫下以下無與倫比的段落，在其中，克瑞西達第一次向特洛伊羅斯坦承她愛他。」

克瑞西達：我現在已經有了勇氣：
特洛伊羅斯王子，我朝思暮想，
已經苦苦地愛著您幾個月了。
特洛伊羅斯：那麼我的克瑞西達為什麼這樣不容易征服呢？
克瑞西達：似乎不容易征服，可是，殿下，當您第一眼看著我的時候，
我早就給您征服了──
恕我不再說下去，
要是我招認得太多，您會看輕我的。
我現在愛著您；可是到現在為止，

我還能夠控制我自己的感情；
不，說老實話，我說謊了；
我的思想就像一群頑劣的孩子，
倔強得不受他們母親管束。瞧，我們真是傻瓜！
為什麼我要嘮嘮叨叨說這些話呢？要是我們不能替自己保守秘密，
誰還會對我們忠實呢？
可是我雖然這樣愛您，卻沒有向您求愛；
然而說老實話，我卻希望自己是個男子，
或者我們女子也像男子一樣
有先啟口的權利。親愛的，快叫我止住我的舌頭吧；
因為我這樣得意忘形，一定會說出使我後悔的話來。瞧，瞧，您這麼狡猾地
一聲不響，已經使我從我的脆弱當中流露出
我的內心來了。封住我的嘴吧。

　　　　　　　──第三幕，第二景（朱生豪譯）

　　關於這個段落，果德溫（Godwin）的想法多麼真實啊！「多麼迷人的率直，多麼美妙的天真，多麼令人出神的靈魂迷亂，表達在這些言語之中！我們似乎在這些字語之中知覺到每種快速的想法在克瑞西達的

心中出現，同時，這些字語同樣很巧妙地描述所有美妙的膽怯以及天真的做作榮耀且成就了女性的性格。其他的作家努力要在眼前喚起想像中的角色，費很大的心力努力要去捕捉與描述他們所想像的事物。只有莎士比亞似乎讓他所有的角色自動地侍候他，傾聽他們侃侃而談，並把他們所說出的所有話語如實地寫成文字（只不過這種美妙的情況也有很多例外）。」

這就是矜持。人們認為，「禁慾」多多少少與「矜持」結合在一起。絕對的禁慾有很不同的影響，取決於個人的性別與性向。在女人之中，其影響跟在男人之中不一樣。一般而言，女人最容易忍受性愛的過度與匱乏。然而，如果這種匱乏不是她們自願的，那麼，一般而言她們（尤其是孤獨又無工作的女人）會遭遇到不方便，是男人很少會遭遇到的那種不方便。

因此，由大自然與社會的律則所同時規定的美德，並不是「禁慾」，而是「貞潔」。事實上，我們很容易指出，就道德的觀點而言，性愛的熱情幾乎像食慾一樣是必要的。

情況時常顯示，如果一個未婚的女人受到一種器官的影響——或者我們也許可以說支配，而在這種器官之中，沒有愛的滿足來調節生命的精力，那麼，她就會苟延殘喘地過著一種死氣沉沉的生活，受制於歇斯底里與神經方面的疾病。但是，如果她成就自己的命運，履行所有人類共同的責任，生產後代，那麼，毀滅的徵象就會消失，而以前瀕臨熄滅的生命火炬就會重新出現新的亮光，閃爍著新的火花。結婚的女人可曾患結核或癲癇症嗎？她會患痙攣以及數百種危險或致命的病嗎？受孕以及懷孕會治癒這一切，或者至少延緩這一切的到來。一切似乎都很尊敬神聖的母性。大自然以一種確實是母性的關懷心理照顧年輕的生命。

相反地，如果男人，尤其是女人，基於宗教的熱忱而獻身於一種永恆的貞潔，那麼，他們或她們就時常負有一種非人類力量所及的義務。大自然會排斥這種情況，生命的活動會產生異常的色情狂或花痴現象。時常，這種情慾的狂熱是由視覺或敘述的方式，傳達給同樣情況的暴躁的人，像瘟疫一樣蔓延。這是歇斯底里的痙攣以及激情的狂喜的起源，這兩者不會受制於「矜持」的律則。布風（Buffon）確實說過，甚至鳥兒在與配偶分離時也時常會死於癲癇症。法蘭德斯的修女們處在色情狂的可恥情景中，表現出淫蕩的狂熱姿態，據說會彼此咬

傷對方。有些年輕人秘密進入修道院，治療了這種病——這種病在十五世紀蔓延於德國與荷蘭，於一五三五年流行於羅馬。尤有進者，有誰不知道聖米達德（St. Medard）、羅頓的爾蘇林修道院（Ursulines of Loudun）的情慾痙攣歷史呢？是的，愛時常會把那些不遵守這種自然律則的人處以死刑。因此，拉結（Rachel）對雅各（Jacob）說，「給我孩子，不然我就死。」事實上，修女比其他人更容易罹患乳癌與子宮癌。

讓我們在這一節之中附帶談一談閹割問題。

閹割的發明是足夠殘忍與荒謬的事。被施以陰部扣鎖的男人無法縱慾，會保留聲音的細緻與彈性。羅馬人在演員身上實行此法，在包皮加上一個金屬圈。非洲與亞洲女人的陰部被封鎖與扣押。還有就是閹割，據說是色蜜拉米斯（Semiramis）為男人而發明，吉傑斯（Gyges）為女人而發明。因此，十九世紀時義大利戲院有很多膽怯的閹人。

然而，割除一個睪丸並不會危及男人的生殖能力。有些例子證明，割掉一個卵巢的女人仍然會懷孕。歷史確實告訴我們說，希拉（Sylla）與帖木兒（Timur-leng）是天生的單睪丸者。

閹割的進行可能僅僅壓制那些供應睪丸血液的血管。這確實是最不危險的方式。但是，就這種情況而言，我們有時會觀察到，這些變得無用的器官卻會出現特別過敏的現象，證明它們並非完全對愛沒有反應。閹人時常會有陰莖勃起的情況，他們也能夠性交。因此，古代羅馬的女人時常以她們的閹人奴隸自娛。朱文納在他的第六首諷刺詩中說：

有些女人很喜歡不會作戰的閹人，
喜歡他們那種女孩似的吻以及沒有鬍子的臉孔，
另一個好處是，她們不需用藥物打胎……

甚至十九世紀，同樣的習俗也流行於義大利、西班牙與葡萄牙的女人之中。為了防止後宮之中有這種放縱行為，比較有吃醋心理的土耳其人就找那些不具所有外在生殖器官的閹人。然而，甚至這些不幸的奴隸有時也會經驗到性愛的敏感現象。

完全的閹割會導致人類身體的巨大改變。鬍鬚與陰毛不會成長，聲音變得更尖銳，細胞的組織變得較充分與鬆弛，肌肉變得無力，一些骨骼改變彎曲的方向，關節腫脹，身高減少，在某種程度上會出

現女性的形態。就道德觀點而言，閹人一般而言是人類之中最低劣的人——他們善妒又兇惡，因為他們很不幸，他們懦弱又虛假，因為他們很脆弱。不僅在歐洲，並且在亞洲，他們幾乎立刻從青春期進入衰老狀態。聖克利梭斯湯（St. Chrysostom）譴責閹人尤礎皮烏斯說，他的面容一旦去除化粧品，就變得比老年女人的面容更醜，更多皺紋。納色斯（Narses）幾乎是古代唯一顯示出強烈心智能量的閹人。如果他沒有遭受這種野蠻的身體傷害，他可能會表現出多大的勇氣與慷慨呢？我們也可以舉出沙羅孟（Salomon），即「貝利沙留斯的副主官」（Lieutenant of Belisarius）之一：這位閹人在反抗非洲的汪達爾人的戰爭中，確實表現出少見的能力與偉大的勇氣。

第三章　性交

◆第一節　兩性的性交

我們在這兒很自然地預述男性與女性的生殖器官。在男人之中，生殖器官包含一種分泌的器官，相當簡單。在女人之中，生殖器官包含較多的部分，因為雖然乳房獨立於直接的生殖功能之外，但也可以被認為是屬於生殖功能的一部分。尤有進者，大自然也賜給女性那貯存懷孕產物的地方——子宮。如此，在女人之中，生殖器官更是身體基本的一部分。

男性生殖器官的形成與結構

（圖見26頁）

那包含睪丸的起皺體，在解剖學上名為陰囊，由一種膜狀與細胞質的東西構成，由身體的一般性皮膚包圍著。在外表，沿著下面的中間地方有一條不規則的線，稱為陰囊縫，從這兒，有一種隔膜向裡面伸延，所以陰囊分成兩個腔道，每一個腔道都有一個睪丸。

睪丸是兩個腺體或分泌器官，大小像鴿蛋，位於剛剛所描述的腔道中。在出生之前，這兩個腺體是位於緊接在腎臟前面的肚子的腔道之中。兩個腺體在肚子裡面都有來自下延的主動脈的血，是藉著起伏的長形血管——稱為精索動脈來輸送。精索動脈與精索靜脈交織在一起，形成各種彎曲的形狀。這些精索靜脈把血液送回同一腔道中的大靜脈。構成睪丸的東西是白色的，很是柔軟，顯然像紙漿，但實際上是由無數的小管構成，名為精小管，在腺體的上方部分終結於一個總導管，為名副睪。

這兩個腺體在陰囊的腔道中並不是裸露的。兩個腺體都有三層。內層稱為白膜，很是平滑，呈白色，像腱一樣，但極為敏感，直接包圍腺體。中層位於內層之外，稱為鞘膜，在包圍睪丸後伴隨精索動脈穿過肚子的肌肉。第三層，即外層，從剛剛提到的肌肉那兒向下伸延，本身很是結實，名為提睪肌，附著在第二層或鞘膜四周。

那稱為副睪的迴旋狀管是源於睪丸上端的外面與後面的部分，它沿著睪丸的外面與後面部分向下伸

延，沒有接觸到這部分，直徑變得更大，但比較不迴旋，一直到達下面的部分，立刻又開始向上伸延，形成一個較直的管，名為輸精管。

輸精管從睪丸下面部分伸延，跟已經描述過的動脈與血管一起被包圍在同樣的膜鞘中，與它們一起形成精索。它們一起向上伸延，越過恥骨或那片在肚子下面部分形成橫向弓形的骨骼，進入肚子，是經由一個小孔，位於肚子稍微上面的地方，名為腹部肌肉的圈圈。此時，輸精管與繼續一直向上伸延的血管與動脈分離，在膀胱的側面部分上方向後形成一個弓形，其各邊在膀胱的後下方與一個名為精囊的部分連結，在精囊的裡邊向前伸延到尿道的開口或膀胱的出口，在穿過一部分的攝護腺之後通向膀胱。

精囊是兩個長方形的不規則體，位於膀胱的下面與後面部分，接近膀胱頸，或者位於這部分與直腸之間，直腸是腸道的終點，腸道在這兒是位於精囊之間與之後，在攝護腺稍微上面和後面的地方。精囊附著在膀胱上，在上面的部分分叉，在下面的部分形成一個角度而結合在一起，所以在某種程度上直腸位於其間，而在膀胱的這部分可以看到一種下凹的部分。兩個精囊的構成物似乎是無數的細胞，但其

實不是，而是一條持續又迴旋的管子。精囊並不是輸精管的持續，因為那個管子只是沿著輸精管旁邊經過，在膀胱頸或尿道開口的地方通向尿道。在兩個精囊的開口之間，以及位於攝護腺中間的地方，有一個高起來的部分，稱為精阜。一般認為，這一部分有時會關閉起每個精囊的孔。

攝護腺是一種堅硬的腺體，大約是大粟子一般大小，完全位於骨盆裡面，完全包圍膀胱頸。它是由兩個明顯的裂片構成，或者說，它在直腸所在的中間部分很扁平，具有無數的導管，豎毛很容易被引進。

就在攝護腺不再圍繞尿道的地方，以及精阜所在的地方，尿道有一個地方叫「尿道的膜狀部分」，超過一吋長，就在恥骨弓的中間下面，很薄，容易因為被插進一根導尿管等等而破裂。為了保護尿道的這個脆弱部分，有一根堅固的三角形韌帶支撐著它，把它緊緊地附著在恥骨弓上，它就在恥骨弓下面轉彎。這根韌帶改變了尿道的方向，所以要引進尿道管等等就比較困難。

在這個膜狀部分終結的地方，所謂的「尿道的球狀部分」就開始了。這個球狀部分佔據了整個會陰，變成了嚴格說來是尿道的部分，這兒是一根稱為球海綿體肌的

肌肉終結的地方，或者是陰囊的皮膚開始鬆弛地下垂的地方。

尿道分佈著極為細緻、脆弱與敏感的白色薄膜，有點像嘴部、鼻子、腸等的薄膜。這個通道始於膀胱頸，終於陰莖龜頭的孔。在男性之中，尿道大約十二吋長，但各人的差異很大。尿道的表面上有很多各種大小的長方形小孔，稱為陷窩。這些陷窩以傾斜的方式向前進入尿道，是那些直接位於膜下的腺體的開口。在整個長度地方，直接位於膜下面，有很多的這些小腺體，特別是在尿道的下面部分，以及靠近膀胱頸的地方，在這個地方，它們是最大的。有三個考伯氏腺體，其中兩個位於尿道兩邊，一個位於中間，在另外兩個的很前面地方，所以形成一種三角形。尿道的膜外表有條紋，那是因為沿著整個長度都有褶層，褶層能夠擴大，所以尿道能夠在相當的程度上膨脹，不會有問題。

陰莖體主要的構成部分是陰莖海綿體與尿道海綿體。

陰莖海綿體如同名稱所顯示的，是海綿狀或多孔的。它們始於兩邊各有一塊的坐骨，以及恥骨弓的側面，在那兒稱為陰莖腳。陰莖腳在這個恥骨弓下面結合，恥骨弓只是橫向的骨弓的下側，位於肚子

的下面部分。陰莖腳藉著一條韌帶與這部分結合在一起，彼此處於平行狀態，像是一隻雙管手槍的兩個槍管。這些陰莖海綿體整個長度都在內側結合在一起，如此形成一種隔膜，而這兩個陰莖體本身構成陰莖的較大部分，上面部分稱為陰莖背。陰莖海綿體的四周是極為堅固的韌帶似護鞘。這些陰莖體終結於龜頭的後面部分或底部，或陰莖的末端，有鬆弛的皮膚包圍著，稱為包皮。這些多孔的陰莖體的細胞隨時彼此交通。它們也很有彈性，所以在陰莖勃起時，細胞就會很容易出現來自陰部動脈的大量血液。充滿了血液的細胞會使陰莖變大，於是陰莖失去了彈性，變得很硬。

尿道海綿體是在上述部分的下面，位於其下側與裡側的表面之間的一條凹線中，兩端很大，中間很細──最靠近膀胱的一端幾乎只藉著一種細胞質與另外兩端結合在一起。這種尿道海綿體包圍尿道，在陰莖海綿體下方伸延，到達陰莖的末端，終結於龜頭。

龜頭由一種脆弱又極為敏感的膜所遮蔽，在各方面都適合接受最細微的刺激。龜頭的結構很像陰莖海綿體，是陰莖海綿體的延續，但是它的細胞比較緻密，因此比尿道海綿體的細胞還小。這些細胞與很

多的動脈、靜脈和神經美妙地交織在一起，其數目比其他兩種海綿體更多。

包皮是覆蓋陰莖的黏膜皺壁，從陰莖的外部向前伸延，然後又回歸，在外層下面形成一種內層，兩者如此遮蓋著龜頭。它的構造沒有特殊之處，除了位於內側表面的小囊會分泌一種脂肪性物質。猶太人與回教徒模仿古代的埃及人割除包皮。然而，我們知道，東方的女人喜歡沒有割包皮的男人。

整個陰莖都被一種腱質筋膜所遮蓋，當陰莖處在勃起狀態時，這種筋膜會擠壓各部分，把它們結合在一起。

在陰莖的上面部分或陰莖背有兩條動脈和一條靜脈；這條靜脈名為陰莖大靜脈。動脈從臍帶動脈伸延出來，靜脈把它的血液帶到髂靜脈。在其過程中，它們從整個陰莖接受小分支的血。

陰莖的肌肉有豎立肌、橫向肌以及球海綿體肌。

豎立肌始於坐骨的突出部分，沿著陰莖的兩邊伸延，在過程中消失於海綿體之中。

橫向肌也是始於靠近豎立肌起源的坐骨，嵌在尿道球的外側。

球海綿體肌似乎是一條單一的肌肉。它以來自中心的偏斜與分叉的纖維包圍尿道球。它以腱狀始於尿道海綿體，終於陰莖兩邊的一片寬闊的筋腱上。

功能或用途

精液是由睪丸從血液中分泌出來的。血液由精液動脈送到睪丸。這種作用完成之後，剩餘的血液就由精液靜脈送回血液循環中。精液的分泌在進行時，我們並不自覺，然而，某些心智的狀態會刺激睪丸，增加其作用，遠超過睪丸通常所具有的作用。

雖然我們只是微微了解到精液所產生的變化——在它於睪丸中分泌之後，以及它在性交時到達尿道之前，然而由於人體的每種分泌在被使用之前都有一個儲存的地方，所以副睪的無數迴旋狀部分極可能就是儲存的地方。

性交時，輸精管把精液從睪丸送到尿道。

精囊分泌另一種液體，跟精液混合在一起。它也會藉著一種脈動似的收縮，把液體送到尿道，並且在性交的高潮時，以同樣的方式被迫射出。

攝護腺以及尿道的陷窩，藉著無數的導管把一種液體分泌進尿道

之中。這些導管就是人們患淋病時主要受到感染的部分。這種被分泌的液體似乎是精液一個必要的部分。

尿道的各個部分有雙重功用，它是尿液的通道，也是精液的通道。尿道分佈著容易擴張的薄膜，讓尿液與精液排出。位於尿道薄膜下面的小腺體會不斷產生大量黏液，潤滑各部分，以免薄膜受到通過的尿液所刺激。

陰莖海綿體、尿道海綿體以及龜頭由於很堅硬，可以在性交時插進陰道中。

包皮顯示出大自然的奇異計謀。當陰莖處在鬆垂狀態時，龜頭的敏感性不會發生作用，於是，包皮就把龜頭蓋住，如此，龜頭的脆弱表面就以最有效的方式被加以保護。但是，一旦陰莖勃起，或者在性交時龜頭要接受最美妙與敏感的刺激，那麼，那形成包皮的雙重皮膚本來在陰莖鬆垂時足夠大，將陰莖蓋住，此時卻逐漸後退，龜頭本身完全露出。此時，包皮似乎被一條繩子繫在一起，固定在龜頭的下方：那條繩子名為繫帶。位於龜頭內側表面那些有潤滑作用的腺體，保存龜頭的濕度與敏感性，它們所產生的潤滑作用是包皮向後退所必要的。

勃起的產生是因為形成陰莖的那些部分的細胞充滿血液，於是性交所需要的大小與硬度就出現。這種血液不會經由靜脈回歸，因為靠近陰莖地方的肌肉會發生強烈的作用。勃起的強度與血液的量和肌肉的健康作用成正比。藉著同樣的擴張力量，龜頭不僅變大，並且其敏感度也大大增加，以致在性交時產生最高程度的狂熱快感。

豎立肌不僅有助於勃起，並且也有助於指引陰莖。

橫向肌有助於直腸肌。這是橫向肌工作的一部分，但它也在陰莖勃起時讓海綿體處在一種擴張狀態中，也讓尿道以及靠近其起源地方的導管處在擴張狀態中。

球海綿體肌壓縮陰莖，也許跟另外兩種陰莖肌同樣有助於產生勃起——縱使不比它們更有助產生勃起。

僅僅心智的力量似乎無法完全支配勃起的產生，也無法支配性交力量的產生。心智相當有助於這些作用，但是，為了適當地盡責，讓兩方充分且滿足地行事，身體的某種狀態必須與心智的狀態配合。

女性生殖器官的形成與結構

(圖見 24、25、27頁)

卵巢位於兩側，在肚子裡面，

介於子宮的兩層寬闊的韌帶之間，子宮是分佈在肚腔的腹膜的持續。卵巢幾乎是男性睪丸的一半大小，呈扁平的橢圓形。卵巢跟睪丸一樣，也有兩條動脈與一條靜脈。由這些動脈與靜脈所供應的那些血液是來自大動脈，藉著大靜脈回歸到循環系統中。

輸卵管有點橫向地位於同樣的腔道裡面，鬆弛地垂在外端，在那兒有一種不規則末端，名為輸卵管繖。在另一端，兩條輸卵管進入子宮中。在大約中間地方的下緣附著在卵巢上。輸卵管的通道不規則，在進入子宮的地方很小，幾乎無法讓一根豬鬃進入，但在接近卵巢的地方就變得較寬了。輸卵管一般的長度是三吋，但因不同的女人而有所差異。

子宮位於兩個輸卵管的內孔之間，也位於前面的膀胱和後面的直腸之間。在女性沒有懷孕的狀態之中，或者說，在女性還沒有生產小孩之前，子宮似乎是一種緊固又緻密的東西，無法容納比小榛子的果仁更大的東西，並且其各邊都處於接觸的狀態中。子宮是呈三角形，可以分成三部分。第一部分是子宮底，位於輸卵管上方，在女性沒有懷孕的狀態中，是與骨盆的邊緣同高。第二部分是子宮體，位輸卵管

之間。第三部分是子宮頸，或狹窄部分，終結於最下垂的部分，位於一個名為子宮口的開口中。子宮佈滿脆弱的薄膜，整個子宮都是一個血管體，厚度因女人而有所不同。其側邊固定著兩條圓形韌帶，是緻密又堅固的東西，伸延到共同腔道的側邊。子宮與輸卵管一樣都由無數血管供應血液，血管會隨著子宮的狀態而擴大。

子宮口的外面是陰道開始的地方。陰道從子宮的外口伸展到外部生殖器官。之所以為名陰道（Vagina），是因為它像鞘一樣接受陰莖。像子宮一樣，它是位於膀胱與直腸之間，並且與它們連結在一起，尤其是與直腸連結在一起。陰道通常是六吋或八吋長，但是長度與寬度會因女人而有所不同。其側邊是處於接觸狀態。尤其在女人想及淫蕩的事情或在性交時，它會在相當的程度上伸縮。陰道是薄膜的組織，非常敏感；如果女人不常性交或不常生產，則陰道會充滿皺褶。在外口地方，陰道由一種肌肉加以保護，名為陰道括約肌。陰道括約肌很寬，其力量因不同女人而有所差異，在相當的程度上有助於外口關閉，但是薄膜因裡面充滿皺紋，所以能夠大大擴張，甚至一點也不會造成傷害。在擴張時，皺褶

會消失，生產時經常會出現這種情況。它們不久又會收縮，恢復到以前的狀態——除非是在上述的情況中。陰道在女性年輕時很是結實，但在年老時會變得鬆弛。在薄膜下方有很多小腺體，具有分泌的導管，名爲陷窩，在陰道口四周數目最多。

處女膜是一種隔膜，在嬰孩與童年時期關閉陰道口，如果沒有結婚，年紀更大時也是如此。閉鎖的處女膜會造成很大的痛苦：它會引起背痛、頭痛以及一般的不適。這些徵狀會減輕，然後在每個月結束時又回歸。有時會有相當多的分泌液體聚集在閉鎖的處女膜之後，看起來像是懷孕了，在不幸的女性不可能懷孕的情況下，甚至被認爲是懷孕了。有些女性的處女膜很堅韌，男性再怎麼用力也無法讓它破裂。

處女膜痕只是已婚的女人的處女膜的殘餘。

小陰唇位於陰道口的兩邊，向上伸延，到達一個名爲陰蒂的地方。小陰唇在這一部分最大，這一部分可以說是小陰唇的本源。小陰唇幾乎完全圍繞陰道，在朝向會陰處時幾乎消失不見。小陰唇是外陰的縮影，顏色鮮紅，但會隨著環境改變顏色。它們的本質像海綿。在處女身上，小陰唇最小，在已經生了很多孩子的女人身上，卻相當長，甚至突出到陰唇之外。小陰唇完全被外陰遮蓋，有一片細薄的皮，像是龜頭。在完全健康的情況下，小陰唇非常敏感，然而其敏感度就像它們的顏色一樣，受到環境的支配。在性交的高潮中，小陰唇會變得紅腫，此時會吸住陰莖。摩爾人會割除女人的這一部分，由女人來進行手術。

陰蒂位於外生殖器官的上面部分，也位於陰阜下面。它始於恥骨，兩邊各有一個叫陰蒂腳的部分。陰蒂腳形成一種海綿體，就像陰莖的海綿體，由一種隔膜分開。有些肌肉纖維從陰蒂持續到髖骨，稱之爲陰蒂豎立肌。陰蒂的平常大小一般而言比小指頭的尖端小。然而，比較之下，嬰兒出生時陰蒂卻大很多。在很多成年女性的身上，它就像男人的陰莖。猴子的陰蒂比女人大，女黑人比歐洲人大。有時，陰蒂會大得驚人。法布利修斯（Fabricius）說，他看過一個陰蒂，像鵝頸那麼大。紀錄上有很多證據指出，大陰蒂女人藉此引誘年輕女孩。亞洲的民族，尤其阿拉伯人，爲了防止這種不自然的行爲，也爲了保存女性的貞潔，習慣切除大陰蒂。完全是因爲有這種非常大的陰蒂存在，所以世界上才流傳著有關

陰陽人的閒言與奇妙的故事。陰陽人都是以這種方式將兩性結合在一起。助產士在接生時經常懷疑嬰兒是屬於什麼性別，但是，只要我們經過檢視之後，發現有無尿道，就不會有懷疑了：陰蒂是沒有尿道的。陰蒂相當敏感，性交時會勃起。

女性的尿道直接位於陰蒂下面，比男性的尿道短很多，也很直，很寬，可以擴張，四周由一種肌肉包圍，名為括約肌。尿道外面的口有一處小小的突起，像是一個圈圈或小豌豆，似乎由那種佈滿尿道的同樣薄膜所遮蓋。

陰阜是最外面的部分。它直接突出在恥骨上方，恥骨在青春期會開始長滿陰毛。這個突起之處的豐滿情況會因不同的女人以及在不同的時期而有很大的變化。一般而言，感情非常強烈的女人，這個部位比感情不強烈的人豐滿。在熱帶的氣候中，這個部位時常顯得很大。還有一個奇異的事實存在，那就是，如果胸房非常突出，那麼這個部位也會最為豐滿。在晚年時，或由於其他原因，胸房一旦鬆垂又平坦，陰阜也會衰退。

大陰裂是指那個裂縫或雙重皮膚，包括所提及的所有部分。

陰裂的兩邊是由連續的一般性皮膚與細胞膜構成，名為陰唇。陰唇的組織很脆弱，很類似嘴部等等的組織。血管歷歷可見，所以呈現普遍的鮮紅色。在年輕女孩以及處女身上，陰唇堅實又豐滿，在老年的女人或健康不佳的女性身上，陰唇呈鉛色，甚至幾乎接近棕色。陰裂始於陰阜的下方，持續到接近肛門之處。位於其終點和肛門之間的部分稱為會陰。

我們用一個統稱的名詞「女陰」（Pudendum muliebre）來指稱整個外陰部分——從陰阜到肛門，包括陰阜、大陰裂、陰唇、陰蒂、小陰唇、尿道口以及陰道。所有的這些部分其實包括一種體系的褶層，全都似乎特別有助於一個目的——擴張外面的那個口，幫助嬰兒的生產。

功能或用途

就作用上而言，卵巢很像男性的睪丸。如果因為疾病而將它們切除，女人就不再行經，胸房變得平坦，身體變得較瘦，較像男性。

就大自然運作的一致性、美與單純性而言，有一件事似乎很荒謬，那就是認為輸卵管具有雙重又難以進行的工作要做：先是把精子傳送到卵巢，然後又把精子送回子宮。更可能的情況是：當精子刺激

子宮時，卵巢就配合著收縮起來，或者也許被輸卵管繼所吸住，於是一個卵破裂了，其液體逸出，穿過輸卵管下降到子宮。這種液體與男性的精液在同樣的時刻相遇，也許是懷孕的唯一緊要關頭。亨特博士在一個處女膜完整的女人的卵巢中發現了一個以前的胎兒的牙齒、骨骼、頭髮以及其他明確的痕跡。

子宮執行生殖的重要功能。它是容納精液的地方，是讓卵附著的地方，也是適當的發源地，讓胎兒儲存在那兒，在懷孕期間獲得營養。在某一個時期，它的子宮底會收縮，有足夠的力量把胎兒送出去，而子宮頸則相反地擴張，讓胎兒產出。在未懷孕的狀態中，月經液體也從子宮的血管分離。這些是子宮的主要用途。

女性的陰道是純粹的外在生殖器官，在分娩的時候也是胎兒經過的通道。那些直接位於陰道薄膜下面的排泄腺體，主要是特別在性交時分泌一種黏液，以潤滑各部分。如果患了白帶和淋病，這些腺體也會排出有害的液體。陰道括約肌會在晚年變得較有力，會讓較沒有用的處女膜關閉它的孔。在性交時，陰道括約肌會吸住陰莖，藉著壓擠周圍部分的血管而使其膨脹。它也可以阻止上面的部分下移。

小陰唇似乎支配尿流，與陰蒂的分開部分一起有助於陰道的關閉，在性交時也會吸住陰莖。小陰唇非常敏感，由於是海綿體又多血管，所以容易勃起。它們也有合攏的作用，在性交時可以提供兩方的快感，在分娩時能夠擴張，不會造成傷害。

陰蒂的結構脆弱，又極為敏感，所以是性交時的主要快感中心。一旦輕搔它，它就會勃起，位於陰道邊緣四周的部分會膨脹，吸住陰莖。

男性的陰莖與女性的陰蒂確實在某些方面彼此很相像。它們都有類似的敏感度，都能夠勃起，能夠維持這種狀態，一直到性交時被激起的動作改變這種感覺。

人們時常有一種很荒謬的想法，認為女性的性慾激情會在男性射精時終止。這種情況顯然不可能，因為女性並沒有精液血管。女性一定會產生一種感覺，將激情終結。她們也會排出相當多的潤滑液體，但這種液體只能分泌自黏液腺體。

陰阜上的陰毛的主要用途，也許是增加性交的快感，因為陰毛與內在的部分形成一種對照。

我們已經說明了男性生殖器官與女性生殖器官的形式與構造，以

及各別的功能或用途，準備正確地了解它們在性交中的聯合功能。

男性與女性生殖器官的聯合功能

雖然彼此對美的想法無疑會刺激男女的性交，但是，女性形體最會吸引男性的部分，也許是那對充分發育以及形態美好的乳房。男性首先以臂懷接受乳房的美好形態，把它們壓在最靠近心臟的地方。因此，乳房的完美發育不僅就這個觀點而言很重要，並且也是性快感的傾向與適當性的指標。在熱帶國家，性快感是生活的要事，很大的胸房被認爲是美的要素。在非洲，長長的乳房被認爲很美，因此，這個國家的女人藉著人爲的方式把乳房加長。

腋窩和生殖器官的麝香氣味（熱情的人身體洗淨時，生殖器官會透露強烈麝香味），是性愛的有力刺激因素。

在不同性情的人之中，激情有不同的表現。樂天的人耽於沉逸，喜歡色情的前戲。脾氣壞的人容易表現情色的狂熱，狂熱的程度很強，一如它會很快速消失。憂鬱的人會在心中熾燃一種比較恆久的祕密慾火。冷漠的人則會顯得冷淡又遲鈍。

在性交時，陰莖充分勃起，插進陰道，被陰道張肌所吸住。陰道張肌在這個時刻配合著受到刺激，具有強大的收縮力量，而陰蒂也勃起，具有美妙的觸覺，成爲女性強烈快感的來源。此時在女性身上，子宮的開口被肚子的肌肉壓得很低。在這種作用中，就像所有加在觸覺器官上的刺激一樣，那並不是同樣一種接觸，而是重複地接觸，傳達著快感。味覺與嗅覺也是如此。先去除，再加上——這是快感所不可或缺的，甚至是敏感度所不可或缺的。因此，在性交時，男性與女性交替退離又接近，其方式取決於雙方的敏感度、性向、品味以及經驗。

在這個時刻，雙方的臉孔表情也取決同樣的情況。妓女會露出馬腳，因爲她們會把玩項鍊或鬢髮，或者假裝很熱情。由於這種熱情既不自然又不眞實，所以她顯然不曾經歷這種熱情，或者早已遺忘了。冷淡的女人也許會加上適度的這種假裝，在動作達到最高點時，表現短暫的情緒。比較不冷淡但仍然有經驗的女人，會隱藏自己的敏感，不動聲色，但是在激情達到最高點前不久，這種不動聲色的表情會變

成五官的收縮，臉色蒼白，洩露出內心的感覺。耽於淫逸的女人放縱於激情之中，最初會顯得熱情、臉紅、屈服，不加以節制，然後，持續與逐漸增加的冷淡情緒不久就會取代臉紅，五官似乎收縮，也變得蒼白，眼皮蓋垂在眼球上，眼球痙攣地向上以及向裡面滾動，同時嘴唇半張。

　　兩性在處於激情的最高點時，身體的動作生動又強烈，整個身體痙攣地顫動著，心臟在胸房中怦怦跳，一會兒後，肌肉在快感的重量之下屈服，甚至智力也消失了，或者說，所有的敏感度都集中在一點上，在這一點上，生殖器官的肌肉經歷一種痙攣的收縮，在男性身上，精液藉著痙攣的抽動射進子宮中，只要有精液可以射出，痙攣的抽動就會重複，而在女性身上，在這個時刻所造成的快感之增加，會導致輸卵管的毛緣吸住卵巢，在卵巢之內，一個卵子立刻破裂，如此所釋放出的一滴蛋白質就會沿著輸卵管落進子宮，在那兒與男性的精子相遇，未來的胚胎於焉形成。女性通常會經驗到顫抖的感覺——是受孕時刻那種令人舒服的雞皮疙瘩感覺[註17]。漸漸地，這種真實的癲癇的所有徵象會消失，身心同樣處在慵懶的狀態中。

　　有人認為，這種快感在女人身上比在男人身上更加廣泛。要決定這一點，需要一位新的泰瑞希亞來裁決[註18]。無論如何，這種說法是十分可能的，因為生殖系統不僅在女人身上比在男人身上分佈更廣泛，並且也更緊密地與她們的本性結合在一起，更有力地影響她們的結構與功能，也因為她們擁有較大的敏感性。有一點可以確定：如果沒有這種快感，就不可能受孕。因此，每當一個女人成為母親，那都是她的自然行為所造成的結果。

◆第二節　性交引起的外在徵象與內在變化

　　我們在這兒將簡短談及「開苞」時的外在徵象，然後描述受孕時的內在變化。

註17：有很多例子顯示，有人在性交時因為過分激情而喪命，蟲類之中也有這種情況。青蛙在交合時，就算四肢被截斷不會彼此分離，不會停止交合的動作。蝴蝶縱使頭部被切斷，被針刺穿，還是繼續交合。有的蟲類會與雌性屍體交合。因此，繁殖是所有動物或所有有生命的東西的絕對律則。

註18：（譯註）Tiresias，希臘神話中的一位占卜者，曾轉變成女人，因此被要求去決定是男人還是女人享有較強烈的性快感。

在所有的徵象中，我們很自然會首先提到處女膜的破裂——雖然這並不是最明顯的。有些野蠻的民族甚至要求新娘出示沾血的衣物。還有些民族認爲刺破處女膜是困難、累人又卑屈的事情，所以他們把第一次性交的工作交給一位男性侍從。這種情況見之於一些熱帶氣候中的衰弱無力的人之中。「高地的領主」剛好相反，他們的領地上一半的孩子都是他們自己的！然而，儘管男人有不同的嗜好與一時的興致，但是，處女膜確實會因爲脆弱而破裂，會因爲意外而裂開，無關乎性交。然而，這種意外卻很少，沒有了這層膜，確實會讓男人有很好的理由表示強烈的懷疑，尤其是如果又加上皺褶不見，未伸展的陰道四周沒有出現壓縮的力量。如果有幾年沒有性交，或者由於使用收歛劑，處女膜會微微復原，但是這只會騙過沒有經驗的丈夫。

其次，處女的乳房確實堅實又圓渾，用手摸不出裂痕，眼睛也看不到表面有不規則之處。在「開苞」一段時間之後，乳房摸起來通常會好像裡面裂成較小塊的東西，甚至表面最終也會出現不規則的地方。還有，在生小孩之後，以及在長期沉溺於性歡樂之後，甚至這些較小塊的東西也會消失，又恢復到整體的較柔軟狀態。

再其次，第一次愛之歡悅的嘗試時常是必要的，因爲如此的話，產生愛之歡悅的器官才會完全發育，並且，這些器官要加以運作，其敏感度才會變得完全。青春期之後絕對禁慾一段時間，一定會阻礙這些器官的成長。例如，在男人之中，生殖器官之所以很大，通常是完全放縱於性歡樂的結果。因此，在女性之中，分佈著腺體的各部分，特別是胸房以及頸子的前面部分，其所以變大，通常是大肆享受性歡樂的結果。因此，古代的醫生以及一些現代的醫生認爲，年輕女人頸子忽然變大，是「開苞」的徵象，並非沒有理由。

德摩克利特斯（Democritus）也說，並且不止一位現代的觀察者重複他所說的話：女人一旦「開苞」，則聲調會改變，聽覺敏銳的人很容易發現這種改變。妓女每日放縱於男人身上，這種改變相對地強烈又明顯。

再其次，我們也觀察到，那些熟識年輕女人的男人（其他人無法做到），如果他們明智又專心地觀察，將會在這種情況中發現面孔表情、膚色、神色、舉止以及談話都有所改變，其中隱含很多意義。

有了這些準則，熟練的觀察者

永不會受騙。

太早婚的女人會很快變得衰弱。如果女人在還沒有充分發育之前就結婚，則她們會一直身材矮小、身體脆弱、臉色蒼白。有些南方國家的男人，青春期很早到來，在十二或十四歲時就結婚，所以他們身材矮小、身體脆弱，透露女子氣，沒有精力。

我們也可以觀察到，很年輕時生太多孩子的脆弱女人，胸部較平坦，背部較寬闊，恥骨的軟骨較厚，這種身材與一位處女的身材很容易加以分辨。

這一節的結論是要論及性交——即受孕或生殖——所造成的最重要又有趣的內在變化。關於這種神祕的作用，並沒有合理的說明。雖然這種理論在像這樣一部作品中，也許並不會被認為完全貼切，然而我們還是要把我們認為自然、真實與簡單的陳述呈現給我們較聰明的讀者。

生殖包括五部分。第一部分是一種能夠形成血管的液體分離出來，形成生命的基本特性。第二部分是血管或生命實際形成。第三部分是一團有生命的東西逐漸增加。第四部分是各種器官開始進化。第五部分是完整的生命完全分離出來。

一、一種能夠形成血管的液體

分離出來，形成生命的基本特性。無論分離出來的男性精液以及女性的卵巢液體是在子宮還是在輸卵管結合，無論實際的受孕是發生在前者還是後者之中，對於我們這兒所提出的理論並不重要。我們已經認為，受孕是發生在子宮中，但是我們也要提出那些支持受孕發生在卵巢中的論點。

首先，哈勒（Haller）曾在一隻兔子之中觀察到一個卵巢囊仍然附著在卵巢上，然而卻已經進入輸卵管。第二，很多解剖學家曾在卵巢中發現胚胎的殘餘，有些是完全的胚胎。第三，曾經在肚中發現胚胎，它們是經由卵巢的大裂縫或經由胚胎首先成長其中的輸卵管的大裂縫落入肚子之中，還有其他胚胎落入肚子之中，沒有明顯的撕開現象。第四，努克（Nuck）在母狗交配後的三天結紮其輸卵管，結果在卵巢邊緣的結紮線上方發現兩個胚胎。所有這些事實似乎證明：受胎作用是發生在卵巢中，胎胚甚至可能是在卵巢以及輸卵管中發育。

然而可以確定的是，性交的痙攣引起分泌的液體分離出來。

E・荷姆（E. Home）爵士有一個案例。一個年輕的女人在第一次也是唯一一次的性交後的七天死亡。荷姆首先把她的子宮及附屬物浸在

酒精中，讓其硬化，然後仔細加以檢視。結果他發現，有一個卵巢最突出的部分出現一個小裂縫，他將之打開，發現「一個腔體，充滿凝固的血，四周是黃色的有機結構」。在檢視子宮本身的腔體後，發現其內側表面佈滿可凝結的淋巴的分泌物，在靠近子宮頸的這種淋巴的纖維中，發現了卵。卵呈橢圓形，一部分是白色的，另一部分半透明，但是由於酒精的作用，整個卵變得不透明。子宮口有厚厚的膠狀物封住，但是通向輸卵管的開口卻是流通的。

他將這個小小的卵送到克佑地方的包爾先生那兒，讓他藉由顯微鏡檢視，結果我們獲得有關其外表的詳細報告。根據描述，它包含有一片薄膜，比較之下相當厚，也相當緻密，形成袋子似的橢圓形，幾乎有二百分之十九吋長，大約有二百分之九吋寬。其一邊，沿著最長的直徑有一條高起的稜紋；另一邊，幾乎整個長度都開著，薄膜的邊緣向裡面推移，所以形狀像一種渦螺。外袋包含有一個較小的內袋，其一端幾乎是尖形，另一端則是圓頭形。中間部分微微收縮，所以有兩處突起，推測是心臟與頭部的萌芽。這兩處突起是由兩個小小的血球形成，包含在內袋中，由一種像蜂蜜一樣的黏性東西包圍著。

如此，這些液體的首先分離以及以後的保存，是處在有利的情況下，因為有一個內在的腔體，其胞囊可以視為是最簡單的種類。一切都顯示出，男性的液體與女性的液體聚集在一起。受孕後有幾天的時間，那滴蛋白質被包在被膜之中，鬆弛地漂浮在子宮腔中。幾天後，它附著在子宮腔中，我們幾乎可以確定，生命已形成，附著在子宮上，正如同胞囊附著一樣，四周有一個表層形成，所根據的原則就像一些蟲類在橡樹皮上形成蟲癭。

二、血管或生命實際形成。這種附著以及更重要的血管或生命的形成，取決於美妙的過程。

所有的外體都會刺激有生命的部分產生作用。這個外體也是如此，在四周部分所促成的第一個作用當然是循環的增加。此時，循環的血液包含有碳，而排除碳似乎是呼吸作用的唯一目標。最重要的是，我們觀察到，蛋白強有力地吸引碳，就像血液同樣強有力地排除碳。

「從硝酸對蛋白的作用，」湯普遜博士說，「以及從蛋白在經過破壞性蒸餾後所產生的東西，我們可以認定，它包含了碳、氫、氮以及氧，比例不詳。由於蛋白在硝酸中產生更多的氮氣，所以我們認為，

蛋白所包含的氮氣比膠質還多。然而，很明顯的是，蛋白與膠質並沒有很大的不同，因為硝酸會自然把它變成膠質。哈奇特先生認為，蛋白很可能是形成生命的第一個柔軟部分，其他部分都由它形成。」「凝結的蛋白形成骨骼與肌肉的基本部分。腦也許可以說是它的一種，眼睛的水晶體也可能是。哈奇特指出，軟骨、指甲、角、頭髮等等幾乎全是由它所構成，它也形成很多貝殼、海綿等等的薄膜部分。簡言之，它是最普通與最重要的生命物質之一。」

精液的生命黏液幾乎是純蛋白，這就是如此被引進的外體。雖然它促成鄰近部分的循環，但是，它卻強有力地吸引血液所排斥的碳。尤有進者，我們很快就會看出，吸引碳是此時所需要的唯一作用。

這種能夠吸引碳的蛋白離開有分泌作用的卵巢腔，到達子宮那層較有動脈的表面。讓子宮更具生命力或更有動脈的方式是月經，而在低等動物中，取代月經的作用是某些時期的特殊刺激。因此，受孕所暗示的血管結合，在子宮的表面血管最多的時候是最容易的，也就是說，緊接在月經之前或之後的時間。因此，第一次顯得很明顯的月經一旦停止，生殖也就停止了。

性交之後子宮出現發炎的外表，證實這一連串的推論。引起發炎的性高潮會造成子宮腫脹，由魯伊斯奇（Ruysch），所看到的兩個例子加以證實。有兩個女人的子宮在受孕後不久被加以解剖。第一位是一名妓女，她是在與一位年輕人性交之後就立刻被他所殺。第二位是一個女人，在懷孕幾小時後就因為通姦而被丈夫殺死。子宮在接受有生產力的精液之後腫脹起來，就像被蜜蜂螫過的嘴唇：它變成一個充血的中心，血液從每個方向流向它，其血管的直徑隨著子宮壁的厚度而增加。子宮壁變得較柔軟，肌肉的性質看得出來。因此，由於刺激太頻繁，以及因而造成硬化和無法附著（加上過程的恆久騷動），所以妓女無法生殖。

然而，在其他的情況中，由於子宮處在有利的狀況，蛋白更有力量吸引碳，所以子宮那有動脈的表面會出現所欲求的附著狀況。被吸引而來的血液會流到蛋白。蛋白與碳結合在一起，形成纖維蛋白。「纖維蛋白，」湯普遜說，「其構成之分似乎與膠質和蛋白相同，但是它也許已含更多的碳和氮，較少的氧。」因此，當血液進入蛋白滴時，其中的碳與周圍的蛋白結合在一起，會形成一種肌肉圈。當含碳

的血向前推進時，肌肉圈當然會繼續形成。這些肌肉圈的直徑會明顯減少，因為碳的消耗造成血球減少。如此，肌肉管道會形成[註19]，血管會貫通整團東西。

因此，我們看出，生殖功能的最複雜狀態和它的最簡單狀態是一樣的——它仍然是芽的繁殖。

根據同樣的原則，血管想必變得很普遍，但是附著的情況想必侷限在卵和子宮的既定部分，因為雖然男性的蛋白與女性的蛋白由於性質類似而結合在一起，然而，對於子宮腔而言，它卻是外體，較不容易附著在上面。不止如此，為了把它分離，薄膜甚至從子宮中分泌或脫落。

三、一團有生命的東西逐漸增加。很顯然，血管是這種增大的狀況的來源，很容易隨著刺激的程度而變得更增大，因此，營養物質會無止境地供應。尤有進者，雖然卵巢腔是有限的，但它也會擴張，容納如此增大的生命體。

如此，一種液體分離，血管形成，體積增大。

四、各種器官開始進化。我們觀察到，蛋白實際上變得更堅實，更不透明，直到輪廓終於出現。這些輪廓顯示出各種器官的進化。各種器官的進化是接著出現的情況，

它比最初所顯示的更加簡單，這是很奇妙的。

比較解剖學的美妙資料顯示出，任何一種功能一旦存在，所有其他功能就會與它呼應。動作靈敏又容易生氣的貓類動物擁有能夠突然使勁的肌肉、尖銳的牙齒、爪等等，較遲鈍的羊類動物則具有移動緩慢的肌肉、臼齒、蹄等等。很顯然，一種次要功能的表現，必須完全取決與適應於它所依賴的功能。因此，上面所提到的較靈敏或較緩慢的動作因為完全依賴別的因素，所以無法與較靈敏或較遲鈍的敏感性分開。因此，一般而言，任何一種功能一旦存在，所有其他的功能就會一致地進化。換言之，一種功能一旦存在，一種一致或完全的生命一定會出現。

由於胎兒的頭部很大，所以敏感性可能確實是其最初的功能之一。因此，整個生命可能源自敏感性的程度與改變。敏感性的這種影響力無法在它的整個作用中加以追蹤，這一點對於一般的事實而言並不重要。然而，很明顯地，由於肌肉部分的所有改變必須對應於敏感性的改變，又由於生命系統的最重要部分，即血管的出現，以及機械系統的最重要部分，即移動的力量，都是由肌肉構成，所以，這兩

個系統的主要部分都受到神經系統的影響，受到敏感性的影響。既然如此，我們很容易想到：這兩個系統的次要部分想必受到支配。

因此，再加上也許在某種程度上，由於男性液體或女性液體較積極或較消極所導致的支配態勢，所以性別就出現了。非常可能的是，在所有的情況中，其中一種液體較積極，另一種液體較消極。如此，性別可能與敏感和想像的力量有關聯，而這兩種力量自然多多少少受到所分泌的液體的濃度與性質所影響。但是，關於這一點以後再談。尤有進者，就像性別可能取決於這種液體的性質，同樣的，與父母相像的程度也可能取決於這種液體的量的多少。

五、完整的生命完全分離出來。獨立的作用導致獨立的生命。如果遭遇到外體的介入，這個生命就一定會被毀。這種外體的介入在子宮中很美妙地被加以避開，因為子宮幾乎沒有接觸點。因此，獨立的作用促成了分娩。如此，生殖並不神祕，只是分泌的事宜。

女性在四十五歲至五十歲之間會失去生殖能力，男性在大約六十歲時會失去生殖能力，只不過這種規則也有很多例外。

一位作家曾經說，歷史上有一些例子顯示出，有人在年紀很大的時候仍然擁有不尋常的生殖力。華勒斯柯斯・德・塔倫塔知道有一個女人在六十七歲時生了一個小孩。卡丹提到另一個女人在八十多歲時生了一個小孩。普利尼（Pliny）說，希匹歐斯家的柯內麗亞（Cornelia）在六十二歲時生了一個子孩，這個小孩以後成為執政官。普利尼也說，在一般人之中，甚至八十五歲的人也有這種生產孩子的例子。

普利尼又說，馬希尼沙（Massinissa）在八十六歲之後生了一個兒子，而元老院議員卡圖（Cato）在八十歲時生了一個兒子。薩佛納羅拉（Savonarola）指出，尼可拉斯・德

註19：也許我們應該在這兒說，這是纖維管道，不是肌肉管道。無論是纖維管道，還是肌肉管道，都不重要。「我的實驗，」一位優異的觀察者說，「已經證明，這些纖維不可能是肌肉。第一，肌肉纖維柔軟又鬆垮，包含了四分之三以上的濕氣重量，而動脈的纖維卻很乾，十分有彈性。第二，肌肉的化學特性與血液的纖維素一致，因為可以在乙酸中溶解，一旦與鹽酸和硝酸結合在一起，則難以溶解，而動脈的纖維，相反地，無法在醋中溶解，卻很容易在稀釋的碳酸中溶解，無法藉由簡單或氧化的鹼與碳酸分解，而後兩者是纖維素（以及蛋白）的沉澱劑。因此，由於動脈的纖維沒有肌肉的結構，也沒有肌肉的化學成分，所以它們不可能是肌肉，而且也不可能具有肌肉的功能，這一點從它們的彈性就可以明顯看出來。然而，這種彈性卻提供了肌肉的力量。哈勒對於脈搏的描述是正確的，儘管他那有關動脈收縮的原因的想法受到辯駁。另一方面而言，畢恰特認為，動脈不會擴張，只會在心臟把血液強加進去時，才會在所在處四周悸動，因為有無數褶縫之故。這種說法想必是不正確的，因為它違反流體靜力學的數學律則。」

・培拉維希尼（Nicholas de Pellavicinis）在一百歲時生了一個兒子。亞歷山大・本尼狄克知道有一個德國人在九十歲時生了一個兒子。能姆紐斯提到另一個人在一百歲時娶了一個卅歲的女人，生了很多的孩子。一六一四年去世於巴斯雷的著名醫生費利克斯・普拉特魯斯（Felix Platerus）說，他的父親在七十二歲時結婚，生了六個兒子，八十二歲時，他的妻子為他生了一個女兒。他也提到，他的祖父在一百歲時生了一個兒子。

無論如何，雖然這種事情不是我所能了解的，幾乎是我所無法相信的，但是杜特雀神父還是指出，有一位野蠻的加勒比海女人在八十歲時於哥德洛普生了一個孩子。他又提到另一個女人，超過一百歲，但卻懷了孕，讓她懷孕的人是「一位年輕的男孩佛蘭西斯」。我不知道這位年輕的男孩是否像聖格列高里與聖傑羅米所提到的那兩個男孩那麼年輕——前者提到一個男孩在九歲時跟他的護士生了一個孩子，後者則說，他聽說有一個十歲的男孩經歷了同樣的事情。

◆第三節　造成受孕或不孕的情況

不孕的原因很多，諸如生理上或道德上很不適合的性交行為、太早婚、特殊的性格或思想方式、強烈的激情、任性、悔恨，想要保持美麗，縱慾過度，濫用快感，以及家庭的阻礙等等。一般而言，最有生殖力的女人是樂天性情的女人。

由於激情，尤其是濫用快感，以及個人生理上的不適合，是最常見的不孕原因，所以我們特別簡述如下。

過分放縱於任何種類的性快感對生殖能力是很不利的，因為這種行為既扭曲也弱化生殖能力。就這方面而言，甚至印度人的行為，如輕輕摩擦、搔癢身體與四肢——他們自誇這樣比性愛更令人銷魂——也可能是有害的。羅馬人以這種行為為人所知，馬歇爾（Martial）指出：

按摩師以其輕快的手藝按摩全身，
並以有經驗的手撫摩肢體所有部位。

我們必須以比較不懷疑的態度談到所有熱帶民族的行為。由於氣候炎熱，這些民族瘋狂地沉溺於性愛的快感中。他們幾乎不斷使用興奮劑與春藥等催情劑，其激烈的作用與有害的性質毀壞身體、壓制理性，並導致狂亂的狀態。

我們必須更斷然貶抑蘇伊托尼

斯（Suetonius）所描述的皇帝提伯留斯（Tiberius）的淫蕩行為。這位皇帝讓年輕人在他面前表演色情的場面。「少女與牛郎們成群結隊同居，在他面前胡搞亂來，目的是為引誘那些並未動情的人見了之後情慾發作。」

然而，生理的情況卻是不孕的最常見與最容易避免的原因。我們將為這個重要的問題提出新的觀點。

一、我們在這兒必須首先讓讀者注意一個解剖學上的事實，因為它不為人注意，或者被認為不重要。一個特別不尋常的事實是：龜頭的開口以及子宮口的方向剛好相反。龜頭的開口是縱向的，而子宮口則是橫向的。其理由很明顯：在性交時讓兩個開口可以彼此交叉，確實可以接觸，因為如果兩者都是縱向的，那麼由於開口狹窄，一定時常無法接觸。這個事實不僅本身最為重要，並且就它所導致的思考也最重要。

二、龜頭之所以呈現這種形狀，是為了向上勃起，作用於那個方向自然對應的子宮口，這樣精液才可能正確地射出。

三、龜頭的外形正像陰道的上半部^(註20)，而性交時，由於龜頭會部分移離陰道，所以使得陰道產生吸力，大大增加龜頭的大小。由於陰道能夠彎曲自如，所以陰莖移離時所留下來的空腔會立刻被陰道兩邊凹陷的部分填滿，而這些部分在龜頭的所有移動的動作中會作用於其上。

這三種情況的自然存在，對於成功的性交是不可或缺的。如果沒有這些情況，則確實無法孕育後代。

缺陷最常見於女人身上。雖然篇幅有限，我們無法在這兒列舉與描述所有的這些缺陷，然而我們卻可以指出最明顯的缺陷之一。

子宮時常比較靠近骨盆兩邊中的一邊，因此，子宮口在陰道中的位置很是不同。這種不正常的情況與前述自然結構的利害關係很是明顯，我們的結論一定會讓每個人感到驚奇。在這種情況下，龜頭的開口顯然不可能與子宮的開口接觸，因此，精液不容易射到那兒。

然而，同樣確定的是，如果對於這種不正常的情況有了適當的了解，則其所造成的有害結果通常都可以避免，因此可以孕育後代。令人非常遺憾的是，由於醫生不了解

註20：（譯註）事實上，薩德（Marquis de Sade）在《臥房中的哲學》中指出，龜頭的外形比較像肛門的圓形口，比較不像陰道的橢圓形口。

這個問題，所以他們一切的努力都不會有任何用途，但是，由於這個問題的敏感或者也許應該說是不敏感，所以就算了解它的醫生也不可能專心去處理這種醫學上的事情。然而，如果有任何相當了解此事的醫生想要去處理，我可以保證，他會有足夠多的病人，他也可以向病人們保證，他們找到他是他們的幸運。

從前面的敘述，我們可以很容易了解：爲何只有最自然方式的性交才會有結果。以下這件事是沒有用的：

「錯誤的放縱會導致缺德的愛情。」

——歐遜

因此，盧克雷丟斯在他的作品的第四卷中談到「倒錯的維納斯」：

「娶妻在大部分的情況下，只能算做是四腳獸的外表禮數而已……」

一般而言是沒有用的，或者，只有一些人才值得採行，那就是，他們既不敏感也沒有感情，努力要避免生殖。他們有時以同樣的觀點選擇最不敏感的時期去性交，或者選擇幾乎同樣最不容易受孕的兩次月經之間的中間時期，與費內爾（Fernel）指示法國亨利三世的王后爲了成爲母親所採行的方法相反。

談到想像力在生產方面的影響力，一位著名的作家說：「因此我認定，生殖的行爲如果沒有伴隨以想像是無法存在的。一個男人在此時必須對於自己的男性形體或自己的男性器官的形體有一般性的想像，或者對女性的形體或女性的器官有一種想像。這一點會影響所生出的孩子的性別以及孩子與父母的特殊相像之處。因此，羅馬女人掛在頸子上或別在頭髮上的陽物像，也許有助於產生較多的男孩。胎教或生產美麗孩子以及生產男性或女性後代的藝術，也許可以加以傳授，其方式是影響男性的想像力，那就是，讓美妙的陰莖模仿視覺器官或觸覺器官的動作。但是，如果公開說出其方式，總是不夠高雅，不過，那些認眞地想要生產男孩或女孩的人，也許值得注意。」

第四章　支配性交的律則

◆第一節
一夫一妻與一夫多妻

　　一夫多妻在人類之歷史中幾乎是很普遍的現象，而一夫一妻則僅見於歐洲及其殖民地。然而，一夫多妻卻普遍伴隨以一種女性奴役的形式。尤其是在土耳其，雖然那兒有各種不同的婚約存在，雖然女人之間有很大的差異，但是，女人一般而言都是奴隸。人類之中最美麗的一性淪落到這種地步，是有幾個原因。孟德斯鳩（Montesquieu）提到其中很多原因。我們將引用他的話，因為他的話也許適用於東方諸國的女人，也適用於這個偉人當時所觀察到的南方女人。「女人，」他說，「在熱帶氣候中，到了八、九或十歲就可以結婚了（註21）。因此，幼年時代幾乎跟婚姻結合在一起。女人在廿歲就變老了。因此，在女人之中，理性與美不曾同時存在。當『美』希望支配時，『理性』卻拒絕；當『理性』可能支配時，『美』卻不再支配。女人應該依賴別人，因為『美』在她們年輕時甚至無法提供的那種力量，『理性』在她們年老時也無法為她們取得。」

　　在東方，女人比男人多很多。「因此之故，」一位精明的作家說，「在東方人之中很普遍的一夫多妻好像是大自然所親自欽點的。如果東方人像歐洲人一樣一定要只限娶一個女人，那麼所有其他女人就會變得沒有用。一旦有了這種多餘的現象，那麼一則很真實的公理——大自然沒有半白創造出任何東西——就出現例外了。」

　　「這些人的特性，以及他們對於愛的觀念，仍然證明上述想法是正確的。那種狂喜與極度的興奮，那種靈魂的結合，使得我們進入一種陶醉狀態，在我們眼中神化了我們所喜愛的對象，把我們和對象視為一體，使得愛成為一種神聖的感情，一種無法解開的束縛——這一

註21：穆罕默德在嘉希絲查（Cadhisja）五歲時娶了她，在她八歲時與她上床。在阿拉伯與印度的熱帶國家中，女孩在八歲時就可以結婚，翌年就上床。請見普萊道斯（Prideaux）所著《穆罕默德的一生》。我們看到阿爾及爾王國的女人在九歲到十一歲期間就懷孕。請見羅吉爾斯‧德‧塔希斯（Logiers de Tassis）著《阿爾及爾王國史》第六十一頁。

切在那兒並不為人所知道，他們並不知道所有不同層次的敏感性。他們沒有感覺到愛的道德影響力，只知道愛的瘋狂。愛是他們所要滿足的一種需求，不是一種催促他們的感情。而一個歐洲人則經常裝飾所愛的對象，他每一天、每一個時刻都發現新的魅力、新的優點，並且把它們加倍——我們可以這樣說。他甚至不斷經驗到各種快感。這是溫帶地區的愛。在溫帶地區，形成人類的兩種力量處在和諧狀態中。在溫帶地區，生理的感覺是從屬於道德的感情。這種情況強化了一種自然與宗教的責任：忠實於一個女人。但是，相反地，如果愛只是一種生理的需求，一種動物的本能，那麼，這種激情就不會有所選擇：它不會有所排除。經驗這種激情的人永遠不會感覺對象足夠多。在出現這種愛的國家之中，炎熱的氣候產生不可抗拒又持續的作用，毀滅兩種力量的和諧，感覺的暴烈消除了感情的能量，男人屈服於最衝動的激情，不是屈服於最溫和的感情，如此就產生了眾多的女人。因此，一夫多妻成為這種炎熱氣候的自然結果，也成為東方人體質的自然結果。女人過剩不是大自然的錯誤，反而是大自然的智慧與智力的證明。」如此，一夫多妻的制度就維持下去，因這種制度的影響而永久持續下去。

大自然在一些國家之中產生較多的女人，也許是為了促使世界上不同的民族藉著聯姻而結合在一起，讓全世界形成一個國家，讓分散的人類部族成為一個家庭。

然而，我們卻無法認為，在丈夫有很多妻子的國家之中，女人會像丈夫只限有一個妻子的國家之中那樣忠貞。如要在第一個有利的場合擁有一個東方女人，只要看她一眼就夠了。在那種氣候中，大自然的衝動很有力量，以致於道德幾乎沒有力量。如果把一個男人跟一個女人留在那兒，誘惑就等於墮落，攻擊會是很確定的，抗拒將不存在。這些國家並沒有戒律，只有門栓。一旦不使用門栓，我們知道結果會是如何。因此，在歐塔赫特島有一個團體，名叫「愛雷歐伊」，包含大約一百名男性與一百名女性，進行一種雜交的婚姻。

如此在維納斯喜歡的地方，在南方大陸，
她所有的微笑展現在歐塔赫特的平原上，
她的絲網廣佈在島嶼上方，
而「愛」嘲笑一切，除了大自然律則。

然而，「在溫和的氣候中，」孟德斯鳩說，「女人的魅力保持得最好，比較晚熟，在較晚時才生孩子，在某種程度上，她們的丈夫比她們年輕。由於她們在結婚時比較有理性與知識——就算只因為她們生活的時間比較長——所以一定會自然導致兩性的平等，因此婚姻是一夫一妻。」

「在寒冷的國家中，由於喝烈酒是幾乎必要的習俗，所以男人變得沒有節制。女人在這方面天生有所節制，因為她們經常處在守勢中，因此擁有理性支配的優勢。」

「大自然讓男人擁有理性與體力而有異於女人，卻獨獨不讓他們一直擁有這兩者。大自然賜給女人魅力，並註定她們自始至終都以魅力而優於男人。但是在熱帶國家之中，魅力只出現在開始的時候，在生命的後續之中不曾出現。」

「因此，那種只允許有一個妻子的法律，就自然環境而言，很適合歐洲的氣候，不適合亞洲的氣候。所以回教很容易在亞洲建立，很難在歐洲擴展，基督教在歐洲維持，在亞洲式微，簡言之，所以回教徒在中國很有進展，基督教鮮少有進展。有一些特殊的原因促使華倫提尼安（Valentinian）在帝國之中准許採行一夫多妻制。這種對於我們的氣候很不適當的法律被希奧多修斯、阿卡丟斯和荷諾留斯所廢止了。」

孟德斯鳩的特殊之處在於他以廣泛的方式總括事實，從其中獲得公平的結論。然而，如果把他自己的方法進一步應用在這個問題上，就會顯示出：歐洲人的實際行為與亞洲人的實際行為之間的差異，並沒有像他所認為的那樣大。兩者的社會形式可能不同，但兩者的人性卻是十分相同的。

另一位聰明的法國作家說：「在所有的社會制度中，婚姻是法律最難限定的社會制度，因為這種法律違反人性的律則。社會對兩位新婚的人說，『你們有生之年要彼此相愛，你們將一起度過餘生。』但是，大自然的律則比社會的律則更強有力，它說道，『每種感情都會變弱，接著就是饜足。我們努力要在其他每種感情中變化我們的快樂，以便驅除那種總是導致厭倦的單調，但為何要求人類所做不到的那種忠貞呢？』」

我們無法否認，「新奇」是高度享受每種官能快感所不可或缺的。所以很明顯的，就這方面而言，性愛是不同於友誼的。因此，法國人的那句話是有其基礎的——「年輕的情婦與老朋友！」但是，我們不要把這種不道德的重擔加在我們的

鄰國法國之上。以下這則古老的英國軼事是相當知名的：「一個淑女走向一個在窗旁看書的男人。『先生，』她說，『希望我是你的書（因為她愛這個男人）。』『我也希望如此，』他說。『但是，如果我是你的書，你希望我是什麼樣的書呢？』對方說。『啊，我希望是曆書，』男人說，『因為這樣我就可以每年都換一本。』」

如果大自然的律則與社會的律則對立，那麼我們要問：後者的正當性建立在何處呢？

難道婚姻的正當性是建立在性交後女人身上的生理改變嗎？由於這種生理變化，特別是由於分娩，我們可以說，陰道的皺褶尤其被破壞，彈性失去了，快感減少了，不孕的情況出現了。但是，雖然前兩種情況是有點真實性，然而後兩者卻是沒有根據的。

「你以自然方式表達男女病弱無力的性，以及無緣於自身過分的情慾，」塔西特斯（Tacitus）在他的《編年史》一書的第三卷中說。我們可以跟孟德斯鳩一起補充說：「一旦她在第一位丈夫身上失去了大部分的吸引力，去找第二位丈夫對她而言總是很大的不幸。就女性而言，伴隨年輕的魅力而來的優勢之一是，在晚年時，丈夫回想過去的快樂，會感到滿足，表現出愛意。」但是，針對其中的第一句話，我們可以回答：「如果一個女人去找第二位丈夫，一般而言會是年紀較大的丈夫，而年紀大的丈夫不會尋求——不會欲求年輕丈夫所尋求的同樣那種吸引力。第二句話比較有道理，但是其中所提到的優勢並不會出現在很多不認為自己不幸的人身上。」

對於婚姻的正當性的最強有力論點是同一位優秀作家的以下論點：「父親自然有義務維持孩子的生活，如此確定了婚姻，婚姻讓人們知道那個應該履行此一義務的人。被邦波尼斯·米拉所提到的那些人，只有藉著長相的相似才能發現這個人。」

「在文明的民族之中，父親（註22）是法律藉著婚禮加諸這種義務的那個人，因為法律發現他是所要的人。」

「在動物之中，這是母親通常能夠履行的義務，但是，在人類之中，這種義務遠比較廣泛。他們的孩子確實有理性，但理性是慢慢出現的。供養孩子是不足夠的，我們必須指導他們，他們已經能夠生活，但是他們不能管理自己。」

「不合法的性關係對於種族的繁殖沒有什麼助益，因為雖然父親自

然有義務供養與教育孩子,但他的地位並不確定,而母親雖然有義務,但面對很多阻礙,如羞愧、自責、性別的拘束,以及法律的嚴苛;除外,她一般而言也缺少資源。」

「公開賣淫的女人無法很方便地教育自己的孩子。教育與她們的地位不相容。她們很墮落,無法獲得法律的保護。」

「因此,大眾對於性慾的節制自然關係到種族的繁殖[註23]。」

我們在這兒獲致有關這個問題的最重要與最有趣的事實。在自由與富有的國家之中,由於有遺產的緣故,所以婚姻是必要的。但是,難道婚姻會改變人心的激情或者改變人類的本性嗎?一點也不會。西方的姘婦與妓女不會少於東方的妻子。難道她們比較有助於道德嗎?

事實上,女人在東方形成一種階級,但在西方卻形成三種階級。在亞洲,一個妻子的地位之所以高於其他妻子,是取決於丈夫的意志,而在歐洲,則是取決於財產與遺產所創造出來的法律。在亞洲,其他女人地位低下,是丈夫的意志所造成,而在歐洲,則是社會的意志把她們分成兩個次要的階級——姘婦與妓女。一般而言,這種情況涉及價值:微微犯錯的女人自然落入其中的第一種階級,而性愛方面的墮落女人——完全放縱的女人,則落入第二種階級。

所有這兩種階級都存在。所有這兩種階級都促成西方社會的結構!嚴正的人會說,社會放棄她們;哲學家想必會說,社會創造並維持她們。我們是談及事實,不是信條。

我們也許會認為,如果這兩種階級存在,則社會就不會達到目的。這是錯誤的想法。社會的目的是要界定與獲致遺產,它能夠以最有效的方式達到這個目的。但是,社會不會與大自然作戰,它不會把姘婦和妓女視為罪犯。如果社會降低這兩種女人的地位,那是藉由社會與傳統律則的作用,而不是藉由

註22:父親是婚姻所顯示的那個人。
註23:「塞尼阿姆人」,他說,「有一種習俗。在這麼小的一個國家中,特別是在他們所處的情勢中,這種習俗想必產生了很令人讚賞的結果。年輕人全都被聚集在一個地方,他們的行為被加以檢視。凡是被宣稱為所有人之中最佳者,就可以選取自己喜歡的女孩做為妻子。凡是被宣稱為次佳者就在最佳者之後選取,如此類推。這是令人讚賞的制度!年輕人在這種場合中的唯一可取之處是他們的美德以及他們對國家的貢獻。這方面表現得最好的人,就從全國的女孩中選出他所喜歡的一位。愛、美、貞潔、美德、出生,甚至財富本身,在某種程度上,全是美德的資本。我們幾乎無法想像出一種比這更高貴、更莊嚴的回報,這種回報最不可能被視為卑下,最可能對兩性造成影響。」塞尼阿姆人是古代斯巴達人的後裔。柏拉圖的「學院」只是萊克格斯的「學院」的一種改進,它制定了與此非常相似的律則。

道德律則的作用。

我們已經探討了婚姻的基礎，也確定了婚姻的正當性，現在我們來檢視姘婦產生的原因，因爲每當一種行爲在社會中流行時，它可能有其自然的原因。

其中一些原因想必是歸諸於激情的放肆，這是無可否認的。其他的原因想必是歸諸於過分注重個人的自由，這似乎也不無道理。

經准許的事索然無味，而未經准許的事
又極力去試，
如果達娜茵沒有被寄放在阿亨內亞塔
中，
那麼朱比特也不會與她生下那個兒子。

——奧維德《愛》第一卷第二章

但是，如果除此之外還有別的原因，那麼最好加以界定。第一眼看來，確實可能還有別的原因，因爲這種行爲本身很普遍，而在這種行爲並不存在的國家之中，一夫多妻很是普遍。以下似乎是最有力的原因。

盧騷說，大自然註定要讓男人攻擊，註定要讓女人防守。換言之，大自然在男人身上所灌注的激情，比它給予女人的激情更加不容易控制。因此，男人表現放肆的激情，是大自然所造成的。因此，如果女人成功地防守，如果男人沒有在女人身上激起同樣性質的激情，他們自然會轉向別處求取同情。

這還不是一切。女人時常有生理上無法放縱於性愛的時期——縱使在這樣的時間中，她們在道德上還是傾向於放縱於性愛之中。因此，如果我們把「女人每個月生理上無法進行性愛」一事，加上「她們在道德上更時常不傾向於進行性愛」一事，那麼我們就會清楚看出，男人需要與自己的激情進行一種困難又痛苦的戰鬥，或者需要在姘婦身上補償一夫一妻的缺點。

這甚至也不是一切。女人在懷孕與哺乳期間或多或少都不傾向於性愛，使得大自然賜予以及詛咒男人的那種激情處在一種不滿足的絕望狀態。如果讀者認爲這種說法很強烈，那麼請你們回想一種情況：城鎮被攻克之後，軍隊所表現的行爲也許是瘋狂又有罪的，但卻證明匱乏可能導致痛苦。

如果我們考慮女人這種生理上與道德上不傾向於性愛的時期極端頻繁，再加上她們能夠生殖的時間比男人短很多，還有，她們比男人較容易不孕，那麼我們就不會驚奇於兩個事實：其一，一夫一妻不如一夫多妻多產，因此後者經常行之

於東方；其二，姘婦與妓女已經在西方出現。

但是，關於一夫多妻較不盛行的國家中姘婦很普遍的現象，歷史告訴我們什麼呢？希臘人似乎很贊成姘婦，到處都准許，他們隨心所欲保有很多姘婦，不會引起醜聞。他們將姘婦稱爲 Concubine。她們通常是被俘虜的女人，或者用金錢買來，地位經常低於合法的妻子，因爲合法的妻子有嫁妝、高貴的父母或者其他優點，使得她們顯得傑出。荷馬的作品中不斷提到姘婦。亞奇里斯（Archilles）有他的布麗色伊絲（Briseis），布麗色伊絲不在時有狄奧蜜德（Diomede）。巴特羅勒斯（Patroclus）有他的伊菲絲（Iphis）。孟尼勞斯和亞加曼農，加上——如只提及最聰明、最重要以及年紀最大的男人——諸如菲尼克斯與尼斯托，他們都有女人。「難怪，」一位體面的作家說，「異教徒在這方面表現得那麼過分，因爲希伯來人以及那些非常以虔誠出名的人，如亞伯拉罕與大衛，也擁有姘婦。」

在十九世紀，英國人與法國人的行爲太聲名狼籍，不需要我們評論。讓別人來說出事實吧——「在偉大的社會政策中，婚姻制度不斷遭受破壞。只有很少數丈夫對妻子忠實；也只有很少數妻子對丈夫忠實。但是，男人在社會上較爲強勢，他們造成輿論，使得他們不受到苛責。」

然而，不可否認的，現代的姘婦太容易導致犯罪的後果。她們可能使家庭變得冷漠無情；她們可能需要進行暗中的行動以及欺詐的行爲；她們可能導致卑下與墮落的關係，因爲比較敏感的女人會避免這種行爲；她們可能刺激妻子的嫉妒怒氣等等。

我們會很好奇地探討一個事實：爲何在古代以及在姘婦盛行的民族之中，並沒有出現這一切犯罪的結果？難道不是因爲姘婦在當時是合法的？難道不因爲妻子與姘婦住在同一間房子，因此家不會變得很冷漠無情？難道不是因爲暗中的行動與欺詐的行爲永遠不會出現？難道不是因爲這種關係因此永遠不會是卑下與墮落的？難道不是因爲姘婦之所以低於妻子只是由於缺少那種屬於社會中一個無異議階級的自負？難道不是因爲對於「謙卑」的需求變成了對於「公眾與私人體面」的需求？難道不是因爲妻子不再可能被激起嫉妒的心理？

我們已經說明了性愛的性質。我們不知道一夫多妻與姘婦是否充分提供了性愛所強烈要求的多樣性。妓女提供了這種多樣性。儘管

她們是多麼不可避免，但卻令人不滿足又邪惡，我們將在下一節進一步討論。

◆第二節　賣淫

在培里克利斯（Pericles）時代，有一個階級的女性在雅典出現，並且很有勢力。她們揚棄天生的矜持，蔑視人為的美德，為女性的特權長久以來在雅典受到侵犯而進行報復。亞洲是奢侈逸樂生活的起源地，所以產生了這種危險的女性，她們那種值得讚美的藝術與職業當然沒有受到愛奧尼亞人的散漫道德所抑制，卻甚至受到墮落的「異教徒」迷信所增進與激勵。在亞洲的大部分希臘殖民地之中，人們建立神廟，崇拜世俗的維納斯。在那兒，名妓不僅為人所容忍，並且還受到尊敬，被視為謙虛的愛神維納斯的女祭司。

富有的商業城市科林斯（Corinth）首先從東方引進這種新的時尚。這個城市以妓女的養成所而名聲大躁。那兒有一間維納斯神廟，獲得這個女神寵愛的最快速方法是提供她美麗的少女。這些少女從此待在神廟中，以賣淫獲得報酬。史特拉波（Strabo）告訴我們說，

當時這種少女的數目不下一千名。因此，成為科林斯人就是意味著進行私通。科林斯女人是較文雅的妓女，只接受能夠出高價的人，這是我們從亞里斯多芬（Aristophanes）的作品中獲知的。這種情況導致一句格言的出現，霍拉斯（Horace）把它譯為：

不是任何人都可以前往科林斯。

她們的職業確實有利可圖，那些姿色與才華出色的女人時常興建廣大的莊園。一個有名的例子是菲麗尼（Phryne）。底比斯人的城牆被亞歷山大摧毀時，菲麗尼向底比斯人提議重建城牆，條件是要在城牆上刻上這些文字：這些城牆被亞歷山大摧毀，但由妓女菲麗尼重建。

然而，誕生於愛奧尼亞主要城市米勒特斯的亞絲巴希亞（Aspasia）卻是把亞洲的優雅風格引進歐洲的第一人。但是，雅典納斯（Athenæus）卻說，亞絲巴希亞的門徒很少是高貴的少女，妓女們只是渴望模仿她的服飾與儀態。然而，亞絲巴希亞的同伴卻成為畫家與雕塑家的模特兒，成為詩歌與讚詞的主題。她們不僅是很多文學作品的對象，而且也是作者。在這些文學作品中，她們為自己的情人的行為訂立規則，

特別是進食的規則，並且說明贏取芳心和獲得喜愛的藝術。這並不是輕率的行為，因為她們認為，僅僅公開她們的職業的神祕，並不會有什麼損失，因為男人也許時常會看出其中的陷阱，但卻沒有勇氣去避開。

妓女經常自由進出哲學學堂，比上流社會的女人擁有無數倍的才藝。妓女如此表現得比一般女人優越，對一般女人是最有傷害性的。一般女人事實上是很謙虛的，但她們所受的教育很荒謬，所以在她們身上看不到魅力。沙孚（Sappho）說，她們沒有去採擷九位繆思的玫瑰，所以她們在生前不會被人談及，死後也不會被記得。她們從無名的狀態中立刻進入墳墓的空無狀態中，就像幽靈一樣，在夜晚中遊蕩，在接近早晨時消失。

因此，只要一個美麗的女人出現了，她的名字就會被人念著，從伯羅奔尼撒半島的末端到馬其頓的邊界都是如此。其騷動的情況就像野火一樣蔓延。丈夫再也不會被最溫柔的妻子的愛撫所壓制住，兒子再也不會被專制的母親的威脅所壓制住。整個國家匍匐在萊絲（Lais）的腳下。雖然希臘戰勝了波斯的軍隊與斯巴達的叛逆，但它卻完全被一位西西里的妓女所征服。

人們並不認為利用妓女與美好的禮儀有所衝突。因此，拉丁喜劇演員在談到雅典時說道，年輕人私通並非可恥。

最明智的異教徒賢者也有同樣的想法。梭倫（Solon）曾允許一般的女人公開去找那些買春的男人，並且鼓勵雅典年輕人在她們身上發洩色慾，免得他們去侵犯市民的妻子與女兒。

在雅典，妓女主要常去的地方是「陶瓷房」、斯開羅斯，以及那座古老廣場，上面聳立著「全民維納斯」的神廟，梭倫允許她們在那兒賣淫。她們也常去一座廣場，是位於比里亞斯港口被稱為「長門廊」的那一部分，這些部分被朱利斯、波勒克這樣加以描寫：賣淫的市集、市場、很多市場以及客棧。在其他地方通常都有很多妓院。

據說，希臘犬儒學派時常使用一種很不尋常的策略。他們在雅典或科林斯公開演講，抨擊道德的墮落，時常激烈地攻擊妓女，所以最美麗的妓女只好以愛撫的方式平息這些兇猛的學者。因此，據說狄奧真尼（Diogenes）被引進萊絲的公寓，而其他人則非常不可能像他那樣在那兒免費度過一夜。

那個譴責妓女菲麗尼的人很可能是在夜晚時被拒，因此他在早晨

時尋求報復。

　　這個階級的女人事實上要做一個可悲的選擇，因為無論她們要求過分的夜度資，還是完全拒絕交易，都足夠讓浪蕩子們向法庭控告她們行為邪惡。由於法庭通常都會受到很惡劣的論辯所左右，所以妓女們很快就會後悔自己表現得太輕蔑或太貪心。

　　雄辯家希波利德（Hyperides）曾為菲麗尼辯護。然而，非常不幸，這份答辯書雖具有高度的趣味性但卻遺失了，而其他很多答辯書雖沒有任何偉大的價值但卻仍然保存著。有什麼情景可能比以下這個情景更有趣呢？——看到這位希臘最美麗的女人，曾經成為格尼都斯的維納斯的模特兒，卻卑屈地匍匐在一位祭司的腳下，暴露在那些嫉妒她的榮光的對手之中，四周都是浪蕩子、律師以及毀謗者，此時，希波利德卻掀開她的面紗，使得她那些最牢不可破的敵人棄械投降！一位有才華的藝術家可以從這麼多珍貴的插曲中構建出一種群像，甚至勝過爾提恩（Ætion）所描繪的亞歷山大與羅柯珊娜結婚群像。

　　羅馬監察官卡圖（Cato）跟希臘人的看法一樣，從以下的故事可以看出來。有一天，他看到一位年輕的羅馬貴族從妓院出來，就讚美這

位年輕人到妓院中尋樂，我們從霍拉斯（Horace）的作品中可以看出來：

　　在卡圖的時期有一種想法指出：

當某名人從妓院中出來，這該是由於道德勇氣
在主導著，做得真好，值得恭賀，
因為只要年輕人放縱情慾，他自然而然會墮落。

　　我們不用再提到其他例子，西塞羅（Cicero）的聲明就足以證實我們所說的。他曾挑釁所有的人說出人們曾在何時因做此事而被譴責，或曾在何時不被允許去做此事。

　　這跟現代人的意見是多麼強烈的對比啊！然而，就妓女的問題而言，我們與現代人的意見是一致的，這可以從前一節看出來。在現代，尤其是自從發現美洲以來，利用妓女已經變得更加不道德了。

　　談到沒有結婚的女人，讓我們以卡圖勒斯（Catullus）的不朽詩行做為結束：

為使花朵在佈滿圍籬的園中生長，
它避過牛羊的行蹤，也無犁頭的破壞，
和風輕拂，豔陽高照，細雨浸潤，
很多男孩喜愛它，很多女孩關懷它，
同樣的花朵一旦被採摘而枯萎，男女孩

就不會想要它，

貞女也是如此，當她保持清純，親友之間人見人愛，

但是一旦失去貞操，玷污身體，

男孩們就不再對她保持愉悅之情，

女孩們也不再視為可愛。

◆第三節　不貞

在古代，夫妻雙方時常會同意解除婚約，並且一旦解除婚約，就可以自由地再婚。我們在普魯塔克（Plutarch）的作品中發現一個這樣的例子。普魯塔克說，一旦培里克利斯（Pericles）與妻子無法和諧相處並彼此感到厭倦，他就心甘情願離開她，讓她去找另一個男人。色魯克斯的兒子安提歐楚斯的故事更是不平凡。安提歐楚斯不顧一切愛上岳母史翠托妮絲，於是在父親同意下與她結婚。羅馬人有同樣的習俗，例如卡圖離開妻子瑪希亞，讓她去找霍登修斯。史崔拉波告訴我們說，此事並非不尋常，反而符合古羅馬人以及一些其他國家的人民的行事。

也許更奇怪的是，在希臘某些地方，人們時常彼此借用妻子。在雅典，蘇格拉底把妻子然提蓓借給亞爾希比亞德，並且雅典的法律也允許女繼承人在發現丈夫性無能時可以使用丈夫最親近的親戚。我們從普魯塔克的作品中看到有關斯巴達人的這種習俗的記載：「斯巴達的立法者萊克格斯認為，避免嫉妒的最佳權宜之計是：讓男人可以自由地把妻子提供給他們認為適當的人使用，讓妻子跟他們生孩子。他認為這是很值得讚美的慷慨行為，並且嘲笑一些人，因為他們認為侵犯他們的婚姻是難以忍受的冒犯行為，以致於以謀殺和殘忍的戰爭來進行報復。他很欣賞一種人，這種人年紀大了，但妻子還年輕，就推薦一個善良又英俊的年輕人給妻子，讓她可能跟他生一個孩子，繼承這樣一位父親的美好品質，並且體貼地愛這個孩子，好像是由他自己所生。另一方面而言，如果一個誠實的男人愛上一個已婚的女人，由於這個已婚女人有謙遜的美德，她的孩子又長得好看，他就可能欣然請求她的丈夫讓他與她交往，以便把這樣一棵美好的樹的樹枝移植到他自己的花園。萊克格斯認為，孩子不是父母的財產，而是全體國民的財產，因此不應由第一位來者來產生，而應由所能找到的最好的人來產生。這一切（我們的作者繼續說）都是很確定的，只要按照這些方式去做，那麼，女人就會遠離

那種加諸在她們身上的放蕩污名。」我們也從別的作家那兒獲得進一步資訊，那就是，除了斯巴達的公民之外，外地人也被允許這樣做，只要他們是英俊的男人，可能生出健康又有活力的孩子。然而，我們卻發現，國王被排除在外，以便讓王室的血統保持純化，讓統治權在同樣的世系中運作。

雖然雅典的處女受到謹慎的保護，幾乎跟亞洲的處女一樣遭受同樣禁制命運，但是，已婚的女人卻享有某種程度的自由。要不是芝諾風（Xenophon）向世人揭露了這項希臘人的祕密，我們也不會知道。「只要，」芝諾風說，「和平與友善的氣息持續君臨家中，那麼母親就可以表現各種放縱行為，她們天生的缺點會獲得同情。縱使她們屈服於激情那不可抗拒的專制力量，但通常第一次的脆弱行為都會被原諒，第二次的脆弱行為會被遺忘。」

然而，這種情況第一眼看來似乎很不合理，因為只因已婚女人的放縱表現，公平的繼承制度可能受到傷害。因此，孟德斯鳩說：「女人失去美德，會出現很多缺陷。一旦這種主要的防護措施撤除，她們的心靈就會變得相當墮落，如此，在一個平民國家中，大眾的放縱行為可能被認為是最後的災難，也是

制度改變的前兆。」

「因此，共和國的賢明立法者經常要求女人表現特別莊重的儀態。他們不僅貶斥惡德本身，並且也貶斥惡德的外表。他們甚至排斥殷勤的社交表現，因為這種社交表現產生了怠惰的行為，使得女人在還沒有墮落之前先讓別人墮落，小事變得很有價值，重要的事情卻被貶低。簡言之，這種社交表現使得人們完全根據荒謬的箴言行動，而女人對於荒謬的箴言非常嫻熟。」

然而，法國、義大利和英國的無數較高階級的行為，卻很像芝諾風所描述的雅典人的行為。很多人會斥責這種放縱行為，有些人也許會為這種行為辯護。我們的工作是既不斥責也不辯護，而是探討什麼情況或動機，促使任何偉大與開明的階級或任何大多數的這種階級表現出這種放縱行為。好奇的探討者面對古代與現代國家的不同與相反的習俗，將進行這種討論，不受制於任何一種民族的信條、法律或見解。這個問題是屬於人性的問題，不是屬於任何時代或部族的問題。我們需要以哲學的方式討論這個問題，並且從開始的地方開始。

我們已經觀察到，「多樣化」是人類高度享受每種官能快感所不可或缺的因素。球體的表面是多樣化

的，沒有兩個點是位於同樣的平面上。同樣地，女性的乳房對於觸覺而言是最令人愜意的。印度鳳梨，或海麥塔斯山的蜂蜜，或者植物界或動物界所提供的最奇妙的食物，如果不斷食用，也會令人生厭。在生厭之後，比較幸運的情況是，感覺變得麻痺。然而，如果將一些這樣的食物適當地輪換與混合，則甚至最重享受的味覺也會獲得滿足。玫瑰的香氣如果長時間不斷吸入，則我們不再能夠分辨其香味，但是如果以百合、紫羅蘭與忍冬的香氣交替變換，則嗅覺將會感受到最美妙的氣味。一種持續的聲音，不斷在耳邊震動，將會苦惱、折磨或麻痺感覺，然而一連串不同的混合或甚至簡單的聲音，則會迷住耳朵，刺激與控制心中的每種感情。一大片持續的單一色彩，在各個方向包圍我們，最初會壓迫視覺器官以及腦部，然後會使它們麻木，然而各種燦爛的色彩卻會取悅眼睛，在心中刺激快樂的感覺。如果「多樣化」對於高度享受每種官能快感而言，甚至對於每種官能快感的存在而言，都是不可或缺的，那麼，它對於「性的歡樂」這種官能快感顯然是更加不可或缺的，因為「性的歡樂」是各種官能快感的混合。如果我們認為，混合的作用比較不需要「多樣化」，而構成混合作用的每種較簡單的因素反而比較需要「多樣化」，那是很荒謬的。

如果我們考慮性的快感，不涉及道德與政治的結果，那麼，我們就不會那麼荒謬，以致於認為，兩個不同性別的人在性交之中把兩滴蛋白混合在一起是一種罪惡，而他們在地上同一個地方各吐一滴唾液，讓兩滴唾液混合在一起，或者他們嗅一束不止一種花所構成的花束，就不是一種罪惡。

我們不能否認，性快感中的這種對於「多樣化」的自然喜愛，與兩性的情況和性向有很明顯的關係。關於後者，我們已經提過，即大自然灌注在男人身上的衝動激情以及攻擊性向，以及女人的防守性向，或者她們在道德上時而不傾向於性愛，促使男人在別的地方尋求同情，還有，女人時常在生理上無法放縱於性愛之中，縱使她們在道德上有此傾向，再加上懷孕與哺乳的時期，導致她們或多或少不傾向於性愛，使得男人的激情處在不滿足的絕望狀態。

我們可能說，這一切都證明，「多樣化」只有對男人是自然的，對女人並不然。但是，如果我們想一想，一者的多樣化必然暗示另一者的多樣化，那麼，上述結論就是錯

誤的。還有，女人也許很被動，但是，對於「多樣化」的喜愛對她們而言想必是很自然的，就像對男人而言是很自然的。

各個民族的實際表現與這些事實是一致的，唯一的差異似乎是：就對於奢侈逸樂或對於輕浮行為的性向而言，義大利人、法國人等民族的表現是很公開的，在這些民族之中，有夫之婦的公開情人或「好朋友」是每一個時髦女人不可或缺但多變的附屬物；然而德國人、英國人卻傾向於保守祕密或慎重行事，所以他們在這方面的表現顯得私密又隱藏。

性愛的表現在每個地方都是同樣普遍的，只會受到國民性其他特點所改變與調整。甚至在英國，我們也發現無數的男人，他們誇耀自己的妻子很貞潔，但卻很自負地暗示說，他們本身令女人無法抗拒，與所有其他女人都有一手，情況好像是，任何兩個男人如果信任自己的妻子同時又與鄰人的妻子有一手，那麼他們兩人都沒有錯。還有一種結果只有白痴才會否認，那就是，就算有一次不正當的行為東窗事發，但想必有數以千次被矇在鼓裡，而在東窗事發的案件中，就算有一次通姦行為為人們所矚目，卻有數以千次不為人所注意。所以，

這種錯誤的行為是多麼數不清啊！

在面對這種錯誤行為時，兩性（尤其是女性）心智的第一個反應是順應教育與民族感覺的影響力，反對被誘惑，反對激情的放縱。在還沒有受到誘惑時，他們認為自己是無法被攻克的。但在受到誘惑的影響時，他們卻多多少少逐漸變得心軟，同時熱情掩蓋了理智，迷亂了判斷力。眼前的人兒的美貌，那種擁有或被擁有的自傲，那種愛別人與被愛的絕妙喜悅，那種享樂的狂喜，兩人都禁不住認為只屬於他們自己，個人與社會都沒有權利加以禁止──這一切通常都會導致一種結論，是他們兩方都不可能料想到的。楚楚可憐的女性自問了一個問題：她的丈夫或情人會怎麼說呢？但是沒有用，她幾乎預期且滿足於自己的回答：沒有人會知道他們的祕密快樂，不可能有人知道的。然後，她力勸自己說，這是錯誤或犯罪的，但也是沒有用，她同樣預期且滿足於一種強烈的信心：在愛情之中是沒有錯誤也沒有罪的。然後，她進一步力勸自己說，事情可能會暴露，世人會譴責她，但還是沒有用，此時熱情已經高度被激起，她同樣滿足於自己的回答，她譴責這個無情的世界，她對這個無情的世界並沒有責任，這個無情的

世界並沒有加諸她責任，甚至最輕微的責任也沒有。簡言之，最有敬意的慇懃（因爲對女性自尊的傷害會是致命的）、反覆的讚賞、無限的忠誠，以及強烈又動人的激情，造就了性愛的勝利。

就這種事而言，年輕女人與較有經驗的女人的行爲確實有很大的差異。在早期的生活中，女人避開不雅的語詞與想法。她們認爲，避開這些是品味與矜持的表現。但是，品味會變得較不鮮明，矜持會變得較開放。在生活的過程中，由於盡妻子的責任，所以女人很難縱情於這種品味之中，又由於盡母親的責任，所以她們不可能縱情於這種品味。成熟的女人時常認定年輕女人的敏感與品味是很多的幻想與做作。

當生活的自然進展如此克服了一種不方便的假正經，那確實比突然又緊迫的事件破除這種假正經更爲幸運。大家都熟知一個事實：很多女人既不脆弱也不卑微，但被推到這個世界來，無法維持自己的生活，被迫放棄教育與感情所激發的敏感與矜持，才得以維持生活，甚至保持生命。最可愛、最溫和、最會痛悔的人有時遵守自然的自保法則，並不是因爲這種自然法則嚴格地要求犧牲生命，而不要求沉溺於

性快感。很多慷慨又大膽的人（輕視做作、虛僞、巧妙的隱藏以及別人的諷刺）從毀滅的境地中救出一些美德，這些美德像珍貴的氣味一樣，在被壓迫時嗅起來最爲芬芳。

這個世界心胸很開闊（也許我們應說，這個世界很自傲，又意識到自身容易犯錯），所以只要涉及兩性的事物，較高階級的主要要求是：尊重輿論，不揭露事情。而較高階級並不去探究任何事物。不止如此，在社會的最高級圈子中，我們時常遇見一個女士與一個男士，名字並不同，但卻坐同樣的馬車到達，如果朋友們在前夜把窗簾拉起來，這對男女就可能同住一間公寓。我們在同樣的社交圈中發現多少「表兄弟」、「侄子」與「姪女」，他們用這些虛假的稱呼向受到尊重的社會敷衍一番，既不會被譴責，也不會被探究！有多少丈夫與妻子能夠在特殊與不幸的情況下向世人嚴肅地保證他們是結婚的夫妻——這種保證是彼此榮譽的保證，稍微違悖就會被逐出社交生活。

雖然這些事件很普遍，雖然它們可能被認爲正確或錯誤，但所有的人想必都會一致譴責一些女士趕時髦，前往鬧哄哄的場合，使用別人的名字，宣稱自己並不是聲名狼籍的夫妻關係中的那位妻子。然

而，在這種情況中，我們必須承認，人們總是追求傑出的交際關係、大量的財富、豪華的揮霍以及奢侈的逸樂。不止如此，我們似乎離斯巴達人實現那種「美德」的境地不遠，只要聽聽一些道德家的抱怨，就會相信此事了。甚至就「向別人借妻子與出借自己的妻子」一事而言，我們在最高層的社會中是有像萊克格斯（Lycurgus）一樣的人，而這位古斯巴達的立法者現在有了對手，那就是，歐洲的君王與朝臣之間有著性的互惠關係。

然而，聲名狼籍的性愛對社會有所不敬，縱使不會造成其他結果，卻至少該受到譴責，就像美食者以粗魯又冒失的方式描述自己耽溺於口腹之慾，或者任何人描述官能的快感，引起所有理性與情操之士的嫌惡，都應該受到譴責。

我們到目前為止談到這些事情，都不涉及道德與政治的結果。或者說，我們以社會的實際表現來說明這些事情。我們已經了解，如果不去顧慮道德與政治的結果，那麼，一個女人與一個男人的兩滴蛋白混合在一起是沒有犯罪的，就像他們混合兩滴唾液，或者他們嗅一束不止一種花所構成的花束，或者他們在一張豪華的餐桌旁品嚐一半的多樣食物，也是沒有犯罪。

性的不貞所造成的所有結果關係到兩個層面，即它會影響家庭感情，或者它會產生不合法的後代。我們就以先後順序來檢視這兩個大問題。

一、就家庭感情而言，我們只需要探究一件事：性的不貞是否會減少家庭感情，以及它減少家庭感情到什麼程度。

這兒我們確實有那位善良又道德的普魯塔克所提供的證據。這種證據前面已經引用過，那就是，如果允許希臘女人有某種程度的自然的自由，則她們並不會表現得很放蕩，反而是以後她們被剝奪這種自由時，就會表現得比較放蕩。我們也必須承認，在現代以及在我們自己的國家之中，有無數的例子顯示出，男人與女人沉溺於短暫的愛之中，卻不曾真正疏忽妻子、丈夫或家庭。不曾逢場作戲的男人確實很少，不曾逢場作戲的女人比一般認為的更少。如果被放棄、破壞、疏忽的家庭數目，真的跟牽涉其中的丈夫與妻子的數目一樣多，那麼，這種罪過無疑會是英國所必須忍受的最廣泛罪過，這種災難無疑會是英國所必須忍受的最沉重災難。

其實，有一個事實是無法否認的，那就是，短暫的耽溺與暫時的私通，很少導致一方永久依戀另一

方，或者一方與又另一方永遠疏遠。一旦容易耽溺，或者無論以何種方式耽溺，都會澆滅熱情，驅除那種構成新家庭感情要素的交際、親密與友誼。如果「多樣化」是造成這種耽溺的要素，那麼恐懼這種耽溺會有其持久的影響是很荒謬的，就像恐懼「多樣化」有其永久性或不變性一樣很荒謬。

尤有進者，大家都很清楚，一方的嫉妒會很強有力地導致另一方的疏遠；幾乎總是一方的嫉妒以及因此所造成的迫害，把另一方驅離家中。要造成這種結果有時要經長久又持續的過程。不止如此，令人驚奇的是，人們很難脫離自己的配偶，縱使是不好的配偶。那種短暫的愛是依賴「多樣化」，絕對不會永久，因此甚至不會阻礙那種持久的感情，因為那種持久的感情是建立在一些基礎上，包括舊日的交往關係、長久又持續的友誼，以及當事者知道世人認為他們是一體的，期望發現他們是一體的，再加上他們對於醜名與惡評等等的恐懼。

為了公正起見，我們需要承認，性的不貞所導致的嫉妒與迫害多半會傷害到家庭感情。

雖然這種嫉妒與迫害不是性的不貞者所表現出來的行為，雖然嫉妒絕不證明愛，只是證明排外性的

自私與受害的自尊心（因為「愛」如果不摻雜這些情緒，就會很高興所愛的人享有各種快樂），然而，由於性的不貞會引發嫉妒與迫害，所以其對兩方的影響，到目前為止是為人所反對的。

如果在引發嫉妒和迫害之外，再加上（確實不是必要的）交際關係顯得卑下、墮落或不道德，以不體面的方式暴露官能的耽溺，以及大大浪費時間或金錢，那麼，我們就可以看出最惡劣的性的不貞對家庭感情所可能造成的所有傷害。

二、關於第二個問題，即產生不合法的後代，我們只需要探討一點：性的不貞在多大的程度上會造成這個問題。凡是熟悉人類生理的人都很了解，暫時的私通幾乎不會生產小孩，只有持久的私通才會生產小孩，最好的例子是妓女。她們在長時期的淫蕩之愛中，幾乎不曾成為母親，但是如果她們在以後結婚，就會像過著最隱退與最有節制生活的女人一樣生產小孩。我們也熟知，有些最庸俗的女人，由於犯了小罪被從倫敦街上驅逐到澳大利亞，但在與那個新世界建立固定的關係後，通常都會成為母親。

所以，我們不要譴責性的不貞會產生不合法的後代，比較公正的方式是譴責性的不貞會造成不生產

的現象，浪費生命以及精力。

然而，我們必須說，如果性的不貞進行的時間很長久又持續，而所涉及的兩造都可能生殖，並且兩造都放縱於那種可能造成生殖的歡樂之中，那麼，此時就可能產生不合法的後代，並且就像兩造以及道德家所可能認爲的，此事的罪過可能是最大的。

如此，就最壞的情況而言，一方面是嫉妒與迫害，另一方面是不合法的後代，這兩者可能是性的不貞所造成的結果。

性的不貞所導致的家庭不幸主要是發生在年輕人身上，他們缺少經驗，對世事無知，加上過度的期望，時常導致很大的痛苦。對於生理的愛的需求，雖然看不到，也不是很明確，但卻強有力地鼓勵他們，而美的吸引力也許多多少少是很不完全的，但卻使得他們完全昧於所偶然交往的人的性格。想像力因爲愛的刺激而變得很強烈，將所愛的人的特殊形體結合以熱情本身的滿足。前者是後者一個必要的條件。熱情與它的對象完全結合在一起，所以後者的窮困威脅到前者的存在。

一旦想像力變得那麼強烈，將它的對象裝飾以很多理想的魅力，則通常會出現一段佔有與耽溺的時間，與先前對性格的幻想不成比例，結果把魅力驅除了。

接著是一段饜足的時間，對愛的傾向變得稍微不那麼強烈，愛的良機變得逐漸少見。接著是冷淡或容易生氣的時期。如果是前者，則雙方會對於從前那種幼稚與過度的熱情感到羞愧；如果是後者，則他們言語的粗暴程度會與他們從前幻想的程度成正比。兩方都會開始認爲自己犯了錯，兩方都會開始認爲對方對此事感到後悔。

由於一位年輕且也許迷人的男性或女性訪客偶然來訪，於是互相責備或陰鬱的時辰有了緩和的跡象，年輕的妻子或丈夫的五官亮起了一抹微笑，去迎接訪客，部分是因爲感激他（她）的來訪緩和了情勢，部分是因爲相反的情況。夫妻中與訪客同性的一方，立刻觀察到另一方亮起微笑，表示歡迎，並想像訪客是一位對手。於是他（她）也許會去跟一位第四者調情，做爲報復，開始時是出於任性的怨恨或玩笑，但有時最後會演變成危險的戀情。

這種調情的最先對象也許不會成爲成功的情人。這些對象也許會隨著爭吵和嫌惡的時期而有所不同。最先也許會有幾年的時間彼此猜嫉與監視，然後才發現那種社會

認為是犯罪的公開行為。

　　如果最後丈夫犯罪了，那麼，他通常會逃向成名或富有的境地，幾乎不會受到傷害。如果是妻子犯罪了，那麼這世界會迫害她，她無法以榮譽的方式維生，所以她時常會被迫去成為姘婦或妓女。她會成為社會嘲笑的對象，她的無辜又無助的孩子會成為人們閒談的對象，深深沾染上母親的污名。孩子們的出現會有一段時間強有力地打動父親的心，但沒有用。世人的嘲笑會迫使父親以永恆的毀滅來懲罰一時的錯誤。甚至在最慷慨的人的心中，也會出現可怕的掙扎，一方面是世人的輿論在他心中所產生的情操，另一方面是他內心那種較仁慈的渴望。這種掙扎是那麼可怕，以致於成為德國戲劇作家科澤布（Kotzebue）的「陌生人」一劇的不朽主題。科澤布只好以那傷心的一景做為結束。這種結束對於那種不幸、無情、有惡意的黑暗面而言會是太令人高興的事，對於社會的榮譽、美德與幸福是那麼必要！

　　有時，引誘者或受寵者會表現得很慷慨或感激，會娶他所愛的女人，或終生保護她。而原來的丈夫會與別的女人形成一種較成熟的新關係。於是，我們會看到一種明顯的現象：本來一起過著不快樂生活的人，會跟新的配偶過著快樂的生活，雖然配偶也許並沒有更吸引人，或更有美德。經驗、仁心與慷慨的增加，時常是以後獲得幸福的基礎。

　　女人所受的教育也許並沒有錯，雖然這種教育很荒謬，非常容易導致不幸，而我們已經描述過這種不幸，做為「虛榮」與「諂媚」時常提供我們的教訓。女人所受的教育是：美麗的女人命定要支配情人，讓他們拜倒在她們的石榴裙下，美麗的女人命定要支配丈夫，讓他們尊敬她們，服從她們。或者，也許，她們了解這種奉承的直接意義與字面意義，而這對她們的快樂是很致命的。一個美麗又和藹可親的女人確實是命定要支配男人，但是，縱使她最微小的願望可能支配情人，然而，一旦情人變成丈夫，而她對丈夫表達同樣的願望時，丈夫並不會立刻卑屈地服從。美麗又和藹可親的女人是以柔克剛。藉著溫和，藉著服從，她一定會讓丈夫滿足她每種合理的願望。只要是有男子氣概或慷慨的男人，一旦拒絕了女人因優雅的懇求或迷人的引誘而應得的恩惠，都會臉紅，因為這種優雅的懇求或迷人的引誘提供了生命一個歡樂的時刻。

　　如果一般而言年紀的成熟會提

供女人這種經驗，那麼，有同樣經驗的男人將會明顯看出，結交很年輕的女人只是意味結交「無經驗」、「無知」、「善變」以及「困惱」。因此，我們確實可以以很適當的保留方式說，女人不會因年紀大而變得更糟。我們特別可以觀察到，女人喜愛歡樂，知道各種歡樂的方法，意識到歡樂的各種變化，又加上有力量以美妙的方式享受歡樂，這一切都在她們成熟的時候變得更加強烈，是任何時候所無法相比的。此時她們不會嫉妒，不會容易生氣。此時每個女人都對別人的每種自然與公平的享樂感到很高興。縱使美麗的形體不再純潔，膚色不再光鮮，但是，情人的詩意心靈會重新將之創造出來，情人會沉迷於歡樂中，這種歡樂並不會比較不真實，因為它們是想像的。

如果我們不怕被誤解的話，那麼我們要說，一個聰明又優雅的女人，縱使瀕臨老年，還是一種極為詩意的對象！有誰會想像，培里克利斯甚至在年老的時候並不會以愉快的心情回顧亞絲芭希亞（Aspasia）的年輕歡樂，回顧她的美的歡欣？當時在維納斯的神廟中，立法者、雄辯家、詩人以及英雄們都在心中感覺到她的儀容比維納斯女神更強有力。有誰會想像，這種對於過去的歡樂的回憶——免於狂暴與嫉妒的激情，其歡樂不在實際的佔有？有誰可能在我們時髦世界的散步場上看到一度很可愛、仍然很美的L夫人，而不會在想像中回想起那段時光！當時，她是優雅社會的生命與亮光，那些被允許去見她的人不會少於那些崇拜格尼都斯（Gnidus）或希色倫（Cytheron）的人，忠誠的程度也不會比他們遜色——有誰可能看到她而不會在她迷人的臉孔與形體中發現到騎士時代的男人表現慇勤忠誠的原因！——有誰可能看到她而不會與我們的一個朋友宣稱，他寧願成為這樣一個五十歲女人的丈夫，而不願成為一半的廿五歲年輕女人的丈夫！

一旦我們去思考五官的那種短暫表情是多麼迷人，因為那種表情默默地揭露從前的愛的故事，美妙地欣賞現在的情人的所有熱情，且由於知曉愛的所有原因、方法與變化，所以把愛強化了——此時，我們就不會對一件事感到驚奇，那就是，這種快樂（不會基於謹慎的原則而在所愛的對象中驅逐所有非自身的快樂）有時會誘使少女去選擇一位浪子，經常導致年輕又可愛的寡婦比處女更可能遭到遺棄的命運。是的，較優秀的妓女所可能擁有的那種魅力，在很大的程度上是

建立在這種特質上。

從已經所談到的一切來看，我們可以說，人性在英國人、法國人和義大利人之中，跟在斯巴達人之中是一樣的——這是根據普魯塔克的說法，也跟在雅典人之中是一樣的——這是根據芝諾風的說法。

我們已經看出，僅僅由於已婚女人的持續不自制，或者更適當地說，由於她們在一個時期或持續的幾個時期中，故意與一個新的男人沉溺於性歡樂之中，所以公平的遺產繼承才會受到傷害，因此我們自然要談到離婚問題。

由於我們沒有以一種辨識和分析的方式去進行檢視，所以有關離婚的正當性或權宜性以及它的各種程度的容易度或困難度的一般性問題，就變得非常複雜又曖昧不明。對於孩子的考慮尤其被納入，被認為會影響整個問題。然而對於孩子的考慮只會影響兩造中的一方。如果孩子不存在，那麼，對於孩子的考慮不應該會增加離婚的困難。首先，正確的方式是：討論離婚的問題而不涉及孩子，因為離婚事件很可能在孩子出生之前發生。

那麼，假設孩子並不存在，讓我們在不被這樣的一種考慮所困擾的情況下檢視離婚。

離婚似乎自然可以分成本義的離婚以及休妻（夫）。

本義的離婚是指丈夫與妻子彼此同意而分離。在這種情況下，由於沒有孩子，也就是沒有第三者，也沒有涉及被遺棄和沒有受到保護的無助狀態存在，不需要親戚中的第四者來干預，也不需要社會中的第五者來干預，所以，很顯然的，整個事情屬於兩個獨立的人，在離婚的行為之中，只需要他們兩人的自由與充分的同意，事情會很公正。由於在這種情況中，社會沒有理由要求加以干涉，所以很幸運的，此事可以免於涉及有關不相配之處、弱點、錯誤或罪行等細節，而這一切細節通常很容易讓人們熟悉罪惡，也容易敗壞大眾道德。

休妻（夫）則是指丈夫和妻子分離，只得到一方的同意，且違反另一方的意願。由於在這種情況中也沒有孩子問題，所以只需要被告一方獲得公平的辯護、處理的方式有公正性即可。因此，此時需要兩位或兩位以上見證人提出令人滿意的證據，而我們也只需要他們的證據，來證明所控告的內容的真實性，並為控告者的休妻（夫）要求加以辯護。縱使在這種情形下，很令人遺憾的，揭露一個人的不相配之處、弱點、錯誤或罪行會危害公共道德，但是，至少令人滿意的是，

為了這個人的利益，將會保證不得隨意揭露這些負面的東西。

如果有孩子，則會在相當大的程度上影響離婚和休妻（夫）的情況，無疑會增加困難度。然而，只要準確地檢視孩子所導致的新關係與要求，就會很容易決定孩子增加離婚和休妻（夫）的準確困難度。

因此，孩子成為第三者，而第一者和第二者自願為他們放棄自己的自主性。身為第三者的孩子可能是無助的，所以需要親戚中的第四者或社會中的第五者出來干預，如此所導致的新關係需要新的程序模序。新的權益必須加以實現，而達到這個目的公正又開明的方式，顯然是訴諸這些權益本身。因此，如果有孩子的話，離婚與休妻（夫）就會不同於沒有孩子的情況下的離婚與休妻（夫），而其不同之處只在於要求最親近的親戚的同意——如果是離婚的情況，是指兩方的親戚；如果是休妻（夫）的情況，則是指受害一方的親戚。

這一切似乎就是出現在離婚途上的所有合理與自然的障礙。如果能夠去除盲目與野蠻的立法所導致的不合理與不自然的限制，則將大大減少人類的痛苦，但是，這兒所提出的合理與自然的限制，由於獲得相關的同意，有其嚴肅性與神聖

性，所以將會防範放蕩的交際與隨意的分離所導致的罪惡。

女性美缺點的分類細目

◆指標

　　為了做為下列細目的準備，我也許可以在這兒提供一些指標，讓女性美審美藝術家在街上或散步場上跟著一個女性走的時候，有助於決定是否值得在經過時看看她的臉孔。

　　這些指標可能源自女性的一般身材、她的步態、她的衣著，以及那些可能湊巧見到她的人所表現的行為。

　　一、身材方面：身體各部分的勻稱或不勻稱（這兩部分完全屬於機械體系）；形態的柔軟或僵硬（完全屬於生命體系）；輪廓的精緻或粗糙（完全屬於智力體系）──這一切都相互地意味著臉孔五官的機械性勻稱或不勻稱、生命性柔軟或僵硬、智力性精緻或粗糙。

　　我們在這兒以成對的方式謹慎地標示這些特性，讓其各屬於各自的體系。如果不這樣做，就無法進行準確或有效的觀察。如果一位聰明的觀察者小心研究本書的「引論」部分，他將會了解我們所使用的語言，也會因了解語言而受益。如果

他有一點觀察女人的經驗，則他將能夠準確又有效地使用這些指標。

　　二、步態方面：走路前進的模樣，不受制於身體的任何側面動作，不受制於頭部的任何垂直抬起，完全屬於機械體系；身體的側面柔軟旋轉，完全屬於生命體系；每走一步時頭部的垂直抬起，完全屬於智力體系。這一切都相互地意味著臉孔五官對應的機械、生命、智力的表情力量。

　　為了試驗這些觀察因素或指標是否有用，讓我們舉一些例子。如果在任何一個人之中，身材的機械性勻稱結合以直接與直線的步態，那就表示，心智與容貌不是絕對可厭，但卻冷漠無情又乏味。如果身體的生命性柔軟結合以步態方面身體輕微的側面旋轉，則表示性格與容貌的表情耽於淫逸。如果身材的輪廓精緻結合以頭部的垂直抬起，則表示虛榮。但是，我們剛描述過的因素有無數的結合與變化。自傲的表情──有點不同於虛榮的表情──或決毅的表情，或倔強的表情等等，全都可以被觀察出來。

　　三、衣著方面：雖然不像前面

123

兩個指標那樣可以信賴，但還是有其價值。如果一個女人具有高雅的品味以及對應的容貌表情，那麼她的衣著一般而言都很有品味。如果是粗俗的女人，五官對應地粗糙，那麼，她的女帽商或裁縫師為她所準備的衣著也會顯得很不適當。

　　四、那些可能湊巧在街上或散步場上走在女人後面的人所表現的行為：這一部分因這些人的性別而有所不同。如果走在女人後面的人是男人，而女人很美，則他不但會以愉快的表情看著她的容貌，並且還會多多少少完全轉身去觀察。如果走在女人後面的人是女人，如果兩人都很醜，或者都很美，或者如果後面的女人很美，而前面的女人很醜，那麼，後面的女人可能就走過她身旁，不去注意，只是冷漠地看一眼。如果相反的，後面的女人很醜，而前面的女人很美，那麼，前者就會非常仔細地檢視後者，一旦看到五官甚至形體沒有缺點，她就會緊盯著對方的頭飾或衣服，以便發現批評的目標。

◆女人機械體系的缺點

①、如果整個骨骼體系不比男人小，那麼這就是缺點，因為在女人之中，骨骼體系應該完全從屬於生命體系。

②、如果肌肉體系雖然一般而言比男人柔軟又容易彎曲，但在一些地方卻沒有顯得比男人大，那麼這就是缺點，因為這種情況在大腿特別需要，其理由以後會提出，這兒我們只說：這是為了完成她較大的支撐基礎，以及讓她的動作顯得自在又柔軟。

（以下的缺點，從第③項到第⑮項，也必然指涉到生命體系，因為這兒所談及的腔體形態與容量雖說屬於機械體系，但卻跟這些腔體所容納的生命器官有很明顯的關係。）

③、如果一個成熟的女性，其頸部的長度與軀幹相比，沒有比男性稍微短，那麼這就是缺點，因為在女性之中，生命體系的優越性，以及智力體系的依賴性，自然關係到從生命體系通到智力體系的血管的較短過程。因此，如果男人軀幹很長，則通常頸子很短，且容易中風。

④、如果身體的上半部（不包括胸房）在比例上比男人突出，而身體的下半部不如男人突出，所以當她直立或仰臥時，乳房之間的空間比陰阜還突出，那麼這就是缺點，因為這種形態對性交有不

良影響，意味著不適合快感、受孕、懷孕與分娩。

⑤、如果肩膀似乎跟臀部一樣寬，那麼這就是缺點，因為這種外表通常是源於骨盆狹窄，因此不適合懷孕與分娩。

⑥、如果肩膀比骨盆窄很多，那也是缺點，因為這意味著機械體系極為脆弱，與生命體系完全不成比例。

⑦、如果肩膀沒有從頸子的下半部傾斜，那就是缺點，因為這顯示胸部的上半部本身不夠寬闊，因為肩膀肌肉發達等等而變得很瘦。

⑧、因此，如果胸部的上半部的寬度不是歸因於它本身，而是歸因於肩膀的大小，那就是缺點，因為這顯示包含在胸部中的生命器官並不足夠開擴。

⑨、如果背部沒有凹陷，那就是缺點，因為這顯示骨盆不足夠深，無法從臀部突出來，因此沒有足夠容量做為懷孕與分娩之用。

⑩、如果胸部沒有形成一種倒錐形，以腰部為頂點，那麼這就是缺點，因為如此的話，機械體系的輕盈與美就被生命體系的無節制擴展所破壞。

⑪、如果臀部沒有大大擴展（在談到肩膀時已經暗示過），那麼這

就是缺點，因為骨盆的內腔就不足夠做為懷孕與分娩之用。

⑫、如果因為骨盆的形態之故，陰阜沒有比胸部突出，那麼這就是缺點，因為骨盆腔也不足夠做為懷孕與分娩之用。

⑬、如果骨盆的深度或其向後的突出不足夠，無法使背部凹陷，那麼這就是缺點，因為骨盆的容量同樣不足夠做為懷孕與分娩之用。

⑭、如果女人的大腿不比男人的大腿寬，那就是缺點，因為基於女性骨盆的寬度以及男人在性交時的姿勢，女人的大腿都需要比男人的大腿寬。

⑮、如果大腿不大，而臀部好像一直增大，在大腿的上半部地方達到最大的程度，而大腿高到陰阜的地方，那麼這就是缺點，因為這樣的話，大腿之間就會留下令人不愉快的空間，男性會失去那種平滑與彈性的支撐，而這種支撐對於性交的成功與快感都是必要的。

⑯、如果手臂和腿部沒有在從軀幹分出來時逐漸變細，如果雙手與雙腳不是很小，那就是缺點，因為在女性之中，生命器官和軀幹才是最重要的部分。

⑰、如果手臂不比男人短，那就是

缺點，因為這部分比較沒有關係到較具女性成分的生命體系，而比較關係到較具男性成分的機械體系。

◆女人生命體系的缺點

（我們在這兒不提到被包含的「生命部分」的缺點，因為在列舉包含的「機械部分」的缺點時，已經暗示過了。聰明的讀者會很高明地補足這些省略的部分，以及類似的省略部分。）

①、如果在年輕的女人之中，不太大的乳房沒有佔據胸部地方，從每一邊以幾乎相等的曲線從胸部升起，同樣終結於乳尖；或者，如果在成熟的女人之中，乳房沒有在兩側的地方突出在手臂所佔的空間，那麼這就是缺點，因為這就顯示生命體系的這個重要部分沒有充分發育。

②、如果腰部在軀幹中間不遠的地方逐漸變細、足夠明顯，但卻沒有好像被所有鄰近部分的性感豐滿狀態所入侵，那麼這就是缺點，因為如此同樣顯示生命體系很脆弱，而生命體系對女人是最重要的。

③、如果相反的，腰部很粗，那也

是缺點，因為這顯示出肝與其他腺體擴大，而這種擴大通常是受到不當刺激所造成的結果。

④、如果肚子沒有適度地擴大，其上半部沒有開始膨脹得甚至比肚臍還高，而其最突出的地方不是緊接在那一點下面，那就是缺點，因為這顯示出重要的生命體系很脆弱，也與緊接在上面的那些部分不成比例。

⑤、如果肚子——應該在緊接於肚臍下面的地方是最高的——沒有逐漸朝陰阜傾斜，且在別的地方更加突出，那就是缺點，因為這是分娩時期所出現的過度擴大的結果。

⑥、如果肚子——除了高起之外也應該在上半部顯得狹窄——卻在上半部變得跟下面一樣寬闊，兩側沒有逐漸凹陷，無法與骨盆四周多肌肉的部分區分，那麼這就是缺點，因為這意味著前一段所提到的同樣情況。

⑦、如果臀部上半部後方，以及脊骨下半部的兩邊，沒有出現明顯的豐滿狀態，始於腰部的地方，終於清楚地分開的兩片臀肉的更鼓起地方；如果這些地方以及緊接在臀肉裂縫上方之間的平坦部分，沒有因兩邊各有由四周的高起部分所形成的大酒窩顯得緩

和，那麼這就是缺點，因為這意味著女人最根本的體系顯得很脆弱。

⑧、如果細胞組織和與它有關聯的豐滿狀態沒有很突出，那麼這就是缺點，因為這同樣顯示出生命體系很脆弱，並且這也使得女大失去了那種對於愛很必要的肉感形態與動作。

⑨、如果皮膚不透明、膚色不純潔、頭髮不纖細，那麼這就是缺點，因為這同樣顯示出那對女人最重要的體系很脆弱。

◆女人智力體系的缺點

①、如果頭部與軀幹比較起來沒有小於男性的頭部，那麼這就是智力體系的缺點，因為女性之中的智力體系應該從屬於生命體系。

②、如果感覺器官與腦部比較起來沒有比男性大，沒有比男性輪廓更精緻，那麼這就是缺點，因為在女性之中，感性應該超越推理力量。

③、如果前額很窄，尤其是如果前額很低，那麼這就是缺點，因為這一部分是觀察的中心，如果這個器官很小，則功能想必對應地很小。

④、如果眼瞼不是長方形，而是幾乎形成一種圓形的縫隙，有點像猴子、貓或鳥類的眼睛，那麼這就是缺點，因為這種圓眼睛在顯得很大、尤其在顯得很黑的時候，經常表示性格是厚顏的遲鈍，在顯得很小的時候，則經常表示性格是冒失的遲鈍。

但是，如果在這兒探討面相學的細節，那將是與我們的目的不相干了。

因此，現在我們就讓女性美審美藝術家自己去做觀察，希望他獲得很多理論上的快樂，也獲得很多實際上的快樂，就像我們在學習如此迷人的一種科學時，已經得到了很多這方面的快樂。

【附錄】
女性美藝術作品欣賞

●這就是眾人口中的「艾斯奎
林維納斯」，在前拉米安花
園出土，近年來學者認為此
雕像乃是刻畫埃及豔后克麗
奧佩特拉。
羅馬卡皮托利內美術館藏

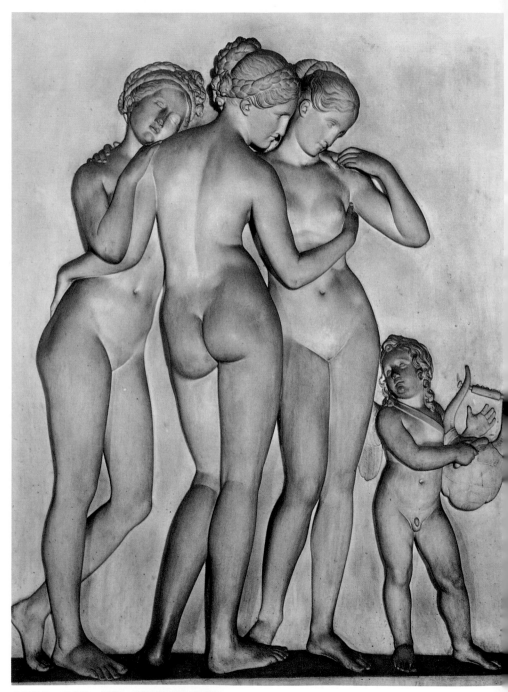

●阿伯特　三美神　浮雕　米蘭布勒拉美術館藏
●卡諾瓦　三美神　1813年　雕塑　高170cm（右頁圖）

●米開朗基羅　夜　1526～31年　大理石　長194cm　翡冷翠梅迪西教堂吉利安諾陵墓

●米開朗基羅　晨　1524～31年　大理石　長203cm　翡冷翠梅迪西教堂羅倫佐陵墓

●卡達尼奧
　幸運的女神
　1540年　銅鑄
　高50cm
　翡冷翠國立巴傑羅
　美術館藏

●阿斯伯迪　維納斯
1585～95年
青銅雕刻　高42.5cm
聖彼得堡艾米塔吉
美術館藏

●卡諾瓦　勝利者維納斯（斜臥的包麗娜）　1804～08年　大理石　長185cm　羅馬柏吉司畫廊藏
●波蒂切利　維納斯的誕生（局部）　1485年　蛋彩畫布　172.5×278.5cm　翡冷翠烏菲茲美術館藏（右頁圖）

●波蒂切利　春（局部）　1482年　蛋彩、木板　203×314cm　翡冷翠烏菲茲美術館藏
●佩魯吉諾　聖母子與天使（局部）　1499年　油彩畫布　113.7×63.8cm　倫敦國家畫廊藏（右頁圖）

●喬爾喬涅　睡眠的維納斯　約1510年　油彩畫布　108.5×175cm　德瑞斯登Germaldegalerie Alte Meister藏

●提香　烏比諾的維納斯　1538年　油彩畫布　119×165cm　翡冷翠烏菲茲美術館藏

●多索・多契（喬凡尼・迪・路提羅） 神話學的景致 約1524年 油彩畫布 163.8×145.4cm
洛杉磯蓋堤美術館藏
●提香 維納斯與丘比特 約1550年 油彩畫布 139.2×195.5cm 翡冷翠烏菲茲美術館藏（左頁圖）

●提香　聖愛與俗愛（局部）　1514年　油彩畫布　羅馬波格塞美術館藏

●帕瑪‧維其奧　芙羅拉（局部）　1522～24年　油彩、木板　77×64cm　倫敦國家畫廊藏

●克拉納哈　維納斯與盜取蜂蜜的
　丘比特　1531年　蛋彩、木板
　170×73cm　羅馬波格塞美術館藏

●柯勒喬　愛神的教育　1523～25年
　油彩畫布　155.6×91.4cm
　倫敦國家畫廊藏（左頁圖）

●漢斯・巴杜格・庫林　亞當與夏娃
　1531年　油彩畫布
　144.5×64.5cm
　馬德里泰森美術館藏

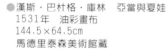

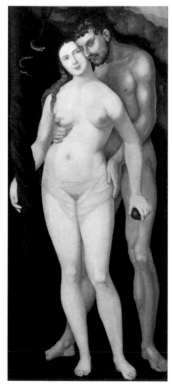

●克拉納哈　維納斯　1532年　油彩畫布　37×25cm　油彩畫布　法蘭克福市立美術館藏
●克拉納哈　黃金時代　1530年　蛋彩、木板　75×103.5cm　奧斯陸國立美術館藏（左頁圖）

●羅倫佐‧羅特　維納斯與丘比特　1546年　油彩畫布　92.4×111.4cm　美國大都會美術館藏

●楊‧馬賽斯　芙羅拉（花神）（局部）　1561年　油彩畫布　瑞典斯德哥爾摩國立美術館藏

●尚‧庫桑‧伊娃‧帕拉瑪‧潘朵拉 約1550年 油彩畫布 97×150cm 巴黎羅浮宮美術館藏
●奧拉奇歐‧簡提勒須‧黃金雨 約1622～23年 油彩畫布 162×228.5cm 俄亥俄州克里夫夫蘭美術館藏（右頁圖）

153

●梵哈勒姆　拔示巴沐浴（大衛與拔示巴故事繪畫）　1594年　油彩畫布　77.5×64cm
　阿姆斯特丹國立美術館藏
●魯本斯　維納斯的化妝（局部）　油彩畫布　1612～15年　123×96cm　私人收藏（右頁圖）

●魯本斯　三美神　1636～37年　油彩畫布　221×181cm　三美神從古代神話時代以來，即為優雅美麗的擬人像
●魯本斯　三美神　1620～24年　油彩木板　119×99cm　維也納美術大學繪畫館藏（右頁圖）

●帕魯斯‧莫勒斯　美麗的牧羊女　1630年　油彩畫布　82×66cm　阿姆斯特丹國立美術館藏

●林布蘭特　黃金雨　1636年　油彩畫布　185×202.5cm　聖彼得堡艾米塔吉美術館藏

●勒索埃　睡眠的維納斯　1640年　油彩畫布　122×117cm　舊金山美術館藏

●約翰馬克・那迪埃　達蕾雅，喜劇的繆斯　1739年　油彩畫布　136×124.5cm　舊金山美術館藏

●哥雅　裸女　約1797～1800年　油彩畫布　97×190cm　馬德里普拉多美術館藏
●維拉斯蓋茲　維納斯與丘比特　1649～51年　油彩畫布　122.5×177cm　倫敦國家畫廊（左頁圖）

163

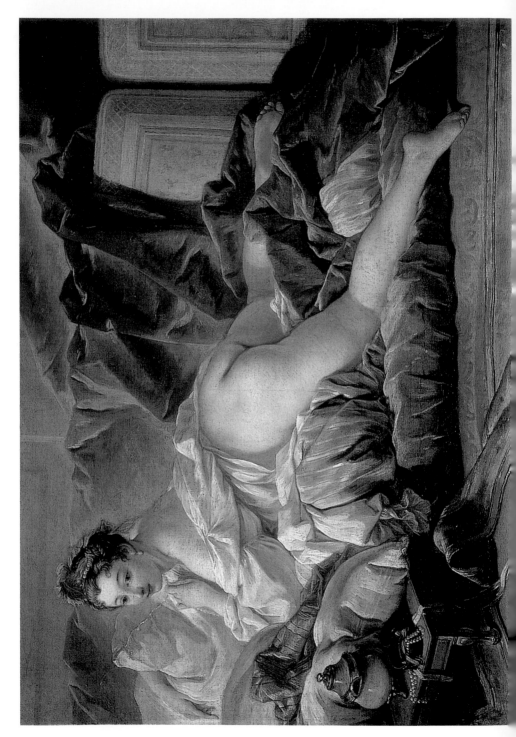

●安格爾　半身的浴女　1807年　油彩畫布　51×42.5cm　法國里昂美術館藏
●布欣　宮女　1743年　油彩畫布　53×64cm　巴黎羅浮宮美術館藏（左頁圖）

●安格爾 宮女與奴隸 1839~40年 油彩畫布 72.1×100.3cm 麻州哈佛大學美術館藏
●德拉克洛瓦 輕撫鸚鵡的女子 1827年 油彩畫布 24.5×32.5cm 法國里昂美術館藏（右頁圖）

●庫爾貝 女人與鸚鵡 1866年 油彩畫布 129.5×195.6cm 紐約大都會美術館藏
● 德拉洛赫 泉水中的少女 1845年 油彩畫布 154×192cm 法國貝藏松美術與建築美術館館藏（左頁圖）

169

●安格爾　宮女　1814年　油彩畫布　91×163cm　巴黎羅浮宮美術館藏

●卡巴內　維納斯的誕生　1875年　油彩畫布　106×182.6cm　紐約大都會美術館藏

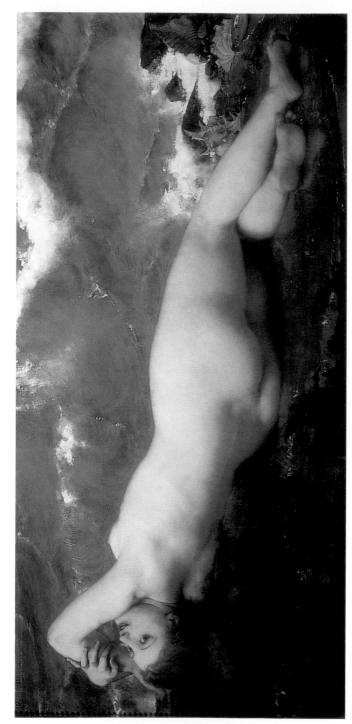

●波德里　珍珠與波浪　馬德里普拉多美術館藏

●夏瑟里奧　靠近泉邊沉睡的浴女　1850年　油彩畫布　137×210cm　卡勒維美術館藏

●維爾茲　小說讀者　1853年　油彩畫布　125×157cm　布魯塞爾維爾茲美術館藏

174

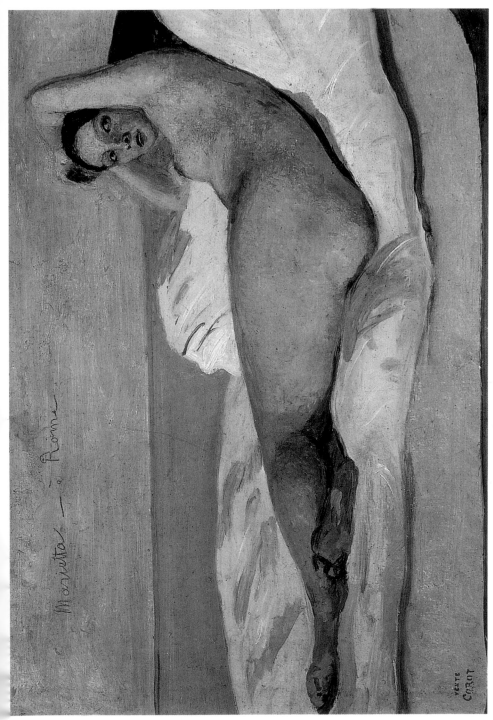

●柯洛 瑪麗艾蓉像 1843年 油彩畫布 26×42cm 巴黎小皇宮美術館藏

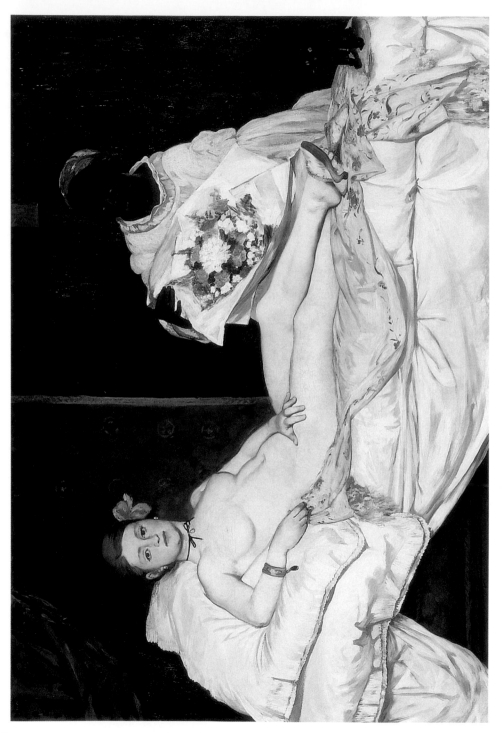

●雷諾瓦　浴女與獵犬　1870年　184×115cm　聖保羅美術館藏
●馬奈　奧林匹亞　1863年　油彩畫布　130×190cm　巴黎奧塞美術館藏（左頁圖）

●巴恩・瓊斯　維納斯的沐浴
1888年　油彩畫布　131×46cm
葡萄牙克貝吉安美術館藏

●雷諾瓦　坐姿裸婦　1903年　油彩畫布　116.2×88.9cm　美國杜特羅得美術館藏

●阿瑪－泰德瑪　羅馬澡堂一景　1881年　油彩木板　24.4×33cm　利物浦陽光港都萊弗人藝廊藏
●米勒　睡著的裸女　1844～45年　油彩畫布　33×41cm　巴黎奧塞美術館藏（右頁圖）

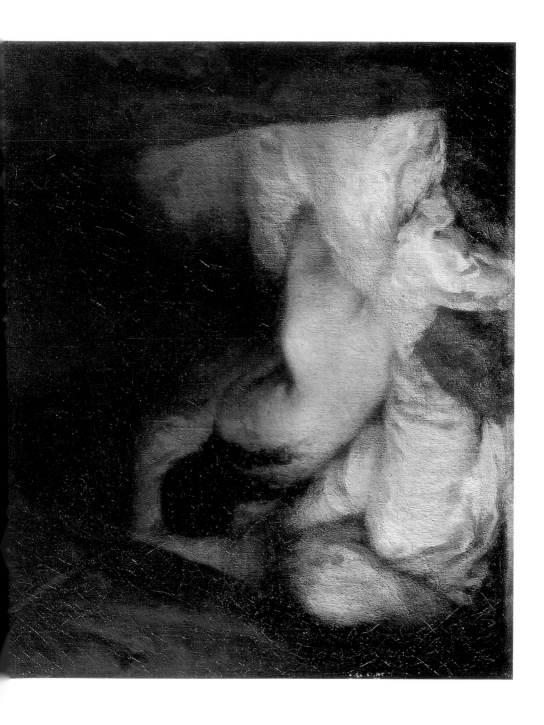

●高更 死神注視下的亡魂 1892年 油彩畫布 73×92cm 紐約水牛城Albright-Knox藝術館藏
●馬諦斯 宮女 1907年 油彩畫布 54×65cm 斯德哥爾摩現代美術館藏（右頁圖）

●克爾赫納　日本紙傘下的女孩　約1909年　油彩畫布　92.5×80.5cm
杜塞道夫Kunstsammlung Norsrhein-Westfalen藏
●葛雷肯斯　裸女與禁果　1910年　油彩畫布　103.2×106cm　紐約布魯克林美術館藏（右頁圖）

●席勒　斜倚的女人　1917年　油彩畫布　96×171cm　維也納Leopold藏
●孟克　斜倚的裸女　1912～13年　油彩畫布　80×100cm　漢堡美術館/Bridgeman Art Library藏（左頁圖）

●雷姆　年輕女子裸像二號　1927年　油彩畫布　91×97cm　維亞雷吉歐美術協會藏
●莫迪利亞尼　藍色坐墊上的裸女　1917年　油彩畫布　65.4×100.9cm　華盛頓國立美術館藏（左頁圖）

●惠勒　所以故事結束　約1927年　油彩畫布　58.2×101.6cm　阿得雷德南澳美術館藏
●夏卡爾　此致吾妻　1933～44年　油彩畫布　131×194cm　巴黎龐畢度藝術文化中心藏（右頁圖）

●德朗　沙發上的裸女　1931年　油彩畫布　83×183cm　巴黎橘園美術館藏

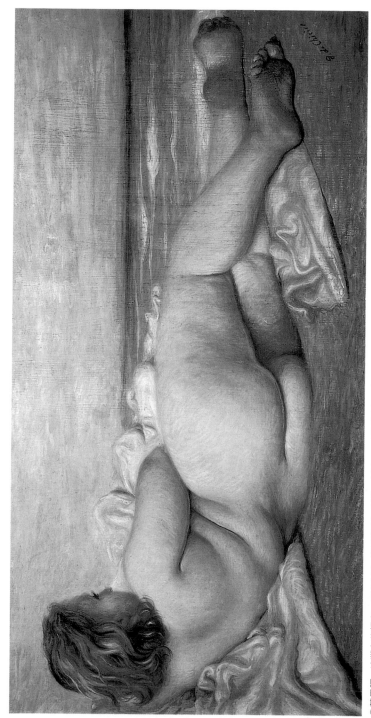

●基里訶　沙灘上的裸女　1932年　油彩畫布　135×171cm　羅馬國立現代美術館藏

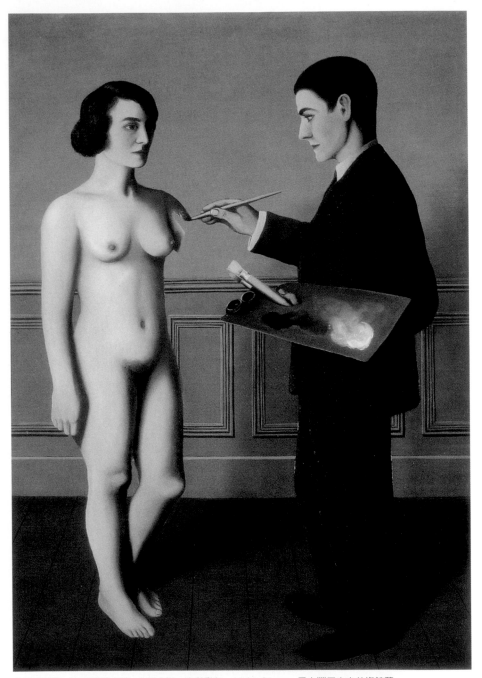

●馬格利特　不可能的企圖　1928年　油彩畫布　116×81cm　日本豐田市立美術館藏
●勒畢加　亞當與夏娃　1932年　油彩畫紙　118×74cm　日內瓦現代美術館藏（右頁圖）

●基斯林 阿爾萊蒂的裸體 1949年 油彩畫布 98×195cm 日內瓦現代美術館藏
●馬格利特 在亮與暗之中的浴者 1935年 布魯塞爾私人收藏（右頁圖）

●達利　從因蜜蜂飛舞而致的睡夢中醒來前的一秒鐘　1944年　油彩畫板　51×41cm　馬德里泰森美術館藏

●畢卡索　睡夢中的裸女　1932年　油彩畫布　130×161.7cm　巴黎畢卡索美術館藏（左頁上圖）
●巴爾杜斯　裸女與貓　1949～50年　油彩畫布　65.1×80.5cm　墨爾本國立維多利亞美術館藏（左頁下圖）

國家圖書館出版品預行編目資料

女性美審美原則 / T. 貝爾(T. Bell)著 ；陳蒼多譯 --
初版. -- 台北市：藝術家，民92
面；　公分

譯自：Kalogynomia or the Laws of Female Beuaty

ISBN　986-7957-66-0（平裝）

1. 生理學（人體）2. 婦女

397.15　　　　　　　　　　　　92005033

女性美審美原則

Kalogynomia or the Laws of Female Beauty

T.貝爾（T. Bell）醫學博士／著

陳蒼多／譯

發 行 人　　何政廣
主　　編　　王庭玫
編　　輯　　黃郁惠、王雅玲
封面設計　　許志聖
出 版 者　　藝術家出版社
　　　　　　台北市重慶南路一段 147 號 6 樓
　　　　　　TEL：(02)2371-9692 ～ 3
　　　　　　FAX：(02)2331-7096
　　　　　　郵政劃撥：01044798 號　藝術家雜誌社帳戶

總 經 銷　　時報文化出版企業股份有限公司
　　　　　　桃園縣龜山鄉萬壽路二段351號
　　　　　　TEL：(02) 2306-6842

製版印刷　　欣佑製版印刷有限公司
初　　版　　中華民國 92 年 4 月
定　　價　　新臺幣 380 元

ISBN　986-7957-66-0
法律顧問　　蕭雄淋
行政院新聞局出版事業登記證局版台業字第 1749 號